WALL STREET RULES

田　鹏◎编著

华尔街规则
培养具有金钱思维和赚钱能力的孩子

朝华出版社

图书在版编目（CIP）数据

华尔街规则：培养具有金钱思维和赚钱能力的孩子/田鹏编著.
—北京：朝华出版社，2009.12
ISBN 978-7-5054-2290-2

Ⅰ.①华…　Ⅱ.①田…　Ⅲ.①财务管理—通俗读物
Ⅳ.①TS976.15-49

中国版本图书馆 CIP 数据核字（2009）第 228957 号

华尔街规则——培养具有金钱思维和赚钱能力的孩子

作　　者	田　鹏
选题策划	杨　彬
责任编辑	赵　红
责任印制	张文东
封面设计	创品牌
出版发行	朝华出版社
社　　址	北京市车公庄西路 35 号　　　　邮政编码　100048
订购电话	(010)68413840　68433213
联系版权	j—yn@163.com
传　　真	(010)88415258(发行部)
网　　址	www.mgpublishers.com
印　　刷	九洲财鑫印刷有限公司
经　　销	全国新华书店
开　　本	787mm×1092mm　1/16　　　字　数　260 千字
印　　张	18
版　　次	2010 年 1 月第 1 版　2010 年 1 月第 1 次印刷
装　　别	平
书　　号	ISBN 978-7-5054-2290-2
定　　价	35.00 元

前言

　　如何培养具有金钱思维的孩子？我们很容易就会想到，提高孩子的财商，让孩子学习金融学这一个方法，而且市面上专门为孩子而编写的培养孩子财商的书籍不胜枚举。难道让孩子具有金钱思维，就是让孩子学习赚钱的技能吗？

　　生活是很实际的，但是，教育孩子不能太实际。钱并没有我们想象得那般重要，生不带来，死不带去，可我们也不能把这个当做可以碌碌无为的借口。其实，我们每个人都有能力赚到更多的钱，活得更好，更成功。作为家长，如果想证明我们的孩子有能力拥有财富，那教育方法就要回归到培养孩子挣钱的能力上来，而不是注重挣钱的技能。

　　那么，家长应该怎样培养具有金钱思维的孩子呢？那就是抛开技能，培养能力。怎样培养能力？那就是本书中所讲的"华尔街规则"。

　　在一次聚会上，一名急于致富的青年碰巧遇上了美国最著名的投资家、亿万富翁巴菲特。年轻人斗胆上前求教："巴菲特先生，像我这样的年轻人，在美国入哪一行赚钱最多最快呢？"巴菲特笑笑说："很多聪明的年轻人都问我这个问题，我只能指向华尔街。"

　　华尔街是财富的聚集地，是很多人向往的地方。然而本

书讲的"华尔街规则"，只是抽象地谈能力的培养，并不真正是在为华尔街培养人才。不过，有些家长却很实际，他们会问：如果我真希望把孩子培养成华尔街精英的话，应该怎么教育？事实上，很多家长对孩子期望的中心，就是能赚钱。因此他们在孩子很小的时候，就注意引导其兴趣向赚钱的专业发展。不过，值得家长注意的是，你即使对孩子的期望如此"实际"，你教育他或她的方法也不能这么实际。让孩子学学金融学，做做生意，并不能把他们带到财富的彼岸。

有这样一个故事：一个富翁长者喜欢伪装成乞丐来结识和帮助一些善良的人，一天他遇到了穷困潦倒但有志向要成为一个成功商人的青年拉索。他觉得拉索是个好人，但思维方式不正确，他决定要帮助拉索。他告诉拉索，成功的诀窍其实并不复杂，要成为一个有钱人，就要放弃自己原来思考问题的方式方法，而去学习那些已经是大富翁的人们的思维、处事方式。仔细观察和学习那些最富有的人们在做什么事情，总结出其中的原理，并按照他们的思维方式去行动，那么早晚也会成为一个有钱人。

本书即从富翁致富原理、规律出发，注重能力和素质的培养，从学习能力、培养个性、学会独立、拥有品质、培养创新思维、制定目标、学会吃苦、拥有财商、学会花钱、学会赚钱等方面告诉家长如何培养孩子的金钱思维和赚钱能力。

这是一本全面而实际的书，相信你看了一定不会失望。按照本书中的方法培养孩子的金钱思维，定有成效。

录目

为了生存，每个人都要通过学习获得知识技能或经验。任何成功都不是天上掉馅饼，而是通过学习，通过自身的努力获得的。华尔街精英们更是如此。普通人为了生存都要学习，更何况这些精英们呢？为了生活得更好，更有成就，唯一的出路只有学习，做学习型人才。学习是人生的永恒主题。

作为家长，要告诉孩子，要想过好日子，有好的生活，必须靠知识和能力获得财富。而这些都与学习分不开。

第二章 成功永远青睐于强者

顽强的人会与命运抗衡，这是强者的行为法则，更是华尔街众多成功者所拥有的特质。作为父母，如果我们想让孩子也能摘下弱者的帽子，走上强者之路，就要从小帮助他们培养坚强、勇敢和自信的品质，这是他们在未来应对社会激烈竞争所必备的素质。

第三章 孩子的人生由他自己做主

独立自主是健康人格的重要特征之一，它对人的生活、学习质量以及成年后事业的成功和家庭的美满都具有非常重要的影响力。华尔街精英从不会做别人的寄生虫，他们的成功完全是靠个人努力而获得的。

不过，父母应该注意，独立自主性的培养是一个长期的过程，需要循序渐进地进行。父母切不可急于求成，对孩子的发展提出过高的、不合理的要求；也不能因为孩子一时没有达到要求，就横加斥责。

品质是赢家的博弈资本

第四章

评价一个人成功与否，并不是看他拥有多大权力或多少财富，而是看他是否拥有完美的品质。完美的人格品质具有无穷的魅力，会让人处处受欢迎，做一切事情都会轻而易举。

贝多芬说："把'德性'教给你们的孩子。使人幸福的是德性而非金钱。这是我的经验之谈。在患难中支持我的是道德，使我不曾自杀的，除了艺术以外也是道德。"

每一位渴望孩子能有完美人生的家长都要记得，完美的品质是最大的财富。华尔街富豪们都认同这一观点。

華尔街规则

——培养具有金钱思维和赚钱能力的孩子

第五章 一个好点子开启一道成才门

思维创新，作为一种高级的理性活动，从来就是一切创新的基础和源泉。恩格斯曾经指出，当技术浪潮在四周汹涌澎湃的时候，最需要的是更新、更勇敢的头脑。这里所说的"更新、更勇敢的头脑"就是思维的创新活动。

创新思维是人类最高层次的思维，它是创新教育的核心。创新是被所有华尔街精英们所推崇的。作为父母，培养孩子的创新精神，必须着力于培养孩子的创新思维能力。

第六章 成功源自于每一次登高眺望

富兰克林说："你真的能成为你想象中的那种人。如果你认为自己是什么样的人，你就能成为什么样的人！"英国谚语说："对一艘盲目航行的船来说，任何方向的风都是逆风。"没有目标，我们将没有原则，没有动力，我们将陷入各种矛盾冲突中而不能自拔，将遇到一点小小的挫折就一蹶不振，轻言放弃。

如果那些华尔街精英们没有怀揣目标，那么他们肯定不会拥有现在的荣誉。作为父母，给孩子设立目标，可以使他们产生积极努力的动力。目标既是他们努力的依据，也是对他们有效的鞭策。

第七章

吃苦是极具价值的人生经历

人生路途遥远，困难如影随形。不要觉得人生太辛苦，许多事，只要想做，都能做到。该克服的困难，也都能克服。只有在困境中，才能磨炼出坚韧不拔的意志。

困境没有你想象得那么难，只要你愿意吃苦。困境即是赐予，只要你愿意，任何一个障碍，都会成为一个超越自我的契机。

华尔街富商现在的风光并不是一帆风顺的，他们是从困境中走出来的。吃苦是极具价值的人生经历，所以，作为父母，不要心疼让孩子吃一点点苦。

所谓财商是一个人认识金钱和驾驭金钱的能力，指一个人在财务方面的智力，是理财的智慧。它包括两方面的能力：一是正确认识金钱及金钱规律的能力；二是正确应用金钱及金钱规律的能力。

财商是一个人判断金钱的敏锐性，以及对怎样才能形成财富的了解。它被越来越多的人认为是实现成功人生的关键。财商和智商、情商一起被教育学家们列入了青少年的"三商"教育。

作为父母，如果想让孩子像华尔街的富翁们一样成功，那么，就不能忽视培养孩子的财商。

致富的起点是花钱。这是比尔·盖茨的用钱之道，这是东方财富神话李嘉诚的致富秘诀，这是温州商人起家的制胜法宝。会花钱才会赚钱——一个观念与方法的新命题。花钱是手段，赚钱是目的。

作为父母，如果想让孩子拥有财富，首先要教会他如何花钱，怎样花钱才是最合理的。华尔街精英们在教育孩子的过程中无不实践着这一原则。

第十章 要生存就必须会淘金

有关调查表明，在所有未成年人的犯罪中，因抢劫、盗窃等与"钱"有关的罪行而锒铛入狱的，占到全部未成年犯罪的70%以上。所以，君子爱财，应该取之有道，否则将会走向深渊。

华尔街精英拥有很多财富，但是他们并没有因此去怜惜孩子，让孩子坐享其成，在孩子很小的时候，这些富豪们就开始锻炼孩子挣钱的能力。

作为父母，我们要告诉孩子，要想生存必须会淘金，用合理合法的方式淘金，因为"天上不会掉下馅饼"。

第一章

华尔街是学习型人才的天堂

　　为了生存，每个人都要通过学习获得知识技能或经验。任何成功都不是天上掉馅饼，而是通过学习，通过自身的努力获得的。华尔街精英们更是如此。普通人为了生存都要学习，更何况这些精英们呢？为了生活得更好，更有成就，唯一的出路只有学习，做学习型人才。学习是人生的永恒主题。

　　作为家长，要告诉孩子，要想过好日子，有好的生活，必须靠知识和能力获得财富。而这些都与学习分不开。

华尔街精英都是学出来的

　　华尔街——这个全世界人眼中的财富圣地。我们一提起它，浮现在我们面前的也许是华尔街上那些衣冠楚楚、举止得体的年轻人，他们代表着成功与自信；或是美国全国广播电台 CNBC 那些声音清楚洪亮的分析员和他们对市场走向的预测——尽管他们的预测往往将投资者引入误区；或是纽约证交所门前宽阔的大理石石阶上，那永远坐满的从世界各国慕名前来的人群；再或许是热闹的 42 街、百老汇以及世界闻名的公园大道（Park Ave.）上各高楼大厦顶部那些让人眼花缭乱的股市自动报价系统和互相交错的红绿线；又或许是各大洋行醒目的广告话（画）：花旗银行的"生活富有"（Live Richly）；或波士顿第一银行的"最便宜直接线上交易，五美元一次"（CSFB Direct，＄5 a trade），等等，不胜枚举。但在这一切联想画面中，我们看不见华尔街拥有一个工厂，生产一双鞋袜，不为人们提供任何一个"可见产品"。那么，他们是靠什么赚钱的呢？

　　华尔街财富的创造，简单地说，是由华尔街精英们创造的。华尔街精英以自己的智能才干通过管理资产的能力而获得财富，创造出来的产品不再是人们需要的穿在脚上的一双鞋袜。在鞋袜满足以后的今天，根据投资人占有资产的多少以及投资风险的包容能力，华尔街精英们替银行的客户们制定投资方案，替投资者们设计或买进卖出各个不同的金融产品，又称"不可见产品"，为投资者创造财富，在为投资者创造财富的同时，自己也致富。

3

　　"华尔街精英"这一名词代表着财富，代表着骄傲和能力。可是这些荣誉是凭空而降的吗？不是，他们都是通过自己的努力学习争取到的。在这个知识爆炸的年代，华尔街精英如何不落伍，不被淘汰，扎稳脚跟呢？答案很简单，那就是让自己变成一个学习型人才，通过学习来填充自己的大脑财富。

　　全球第六大投资银行美国贝尔斯登副董事长兼国际投资公司董事长的唐伟曾说："我一边在餐馆打工，一边学习，每天只能睡两三个小时，全年没有一天休息。因为没有绿卡，每小时收入只有 1 美元。但是我想想自己一天差不多能挣到我父亲那时 1 个月的工资，心里又开心起来。"语言学校的英文课太深，上下学的公共汽车成了唐伟最好的学堂，今天，能说一口流利英语的唐伟谦虚地说，自己讲的是巴士英语。

　　任何人的成功都是通过勤奋的学习获得的，世界上任何一个角落都没有不劳而获的人。

　　当今时代是一个飞速发展的时代。在近 100 年的时间里，人类的发明创造远远超过了过去 1000 年的总和。科学技术的迅猛发展、信息与知识的急剧增长、知识更新周期的缩短、创新频率的加快以及全球经济一体化的趋势，不断孕育出新的生产方式、经济运行机制和管理模式，不加强学习就难以跟上形势的发展。

　　学习很重要，我们每个人都要学习，哪怕是为了起码的生存。人能够成为万物之灵，靠的是学习。国外有句名言，叫做"不学习就灭亡"。1972年联合国教科文组织国际教育发展委员会发表著名的研究报告，题为《学会生存》，就把学习同生存直接联系在一起，可见学习对人类生存的重要性。

　　处在当今多元发展的社会，我们不能仅仅满足能够生存的状态，我们要学会生活，很好地生活，所以，我们要成为人才。一个现代社会的新型人才，应该具备诸多方面的良好心理素质，如高尚的品德，超凡的气质，敬业的精神，目标专一的性格，以及坚忍不拔的意志等等。这些都可以通过学习来达到。正如萨克雷所言："读书能够开导灵魂，提高和强化人格，

激发人们的美好志向，读书能够增长才智和陶冶心灵。"

　　想成功一定要学习。你可能听过这么一句话：穷人不学，穷无止境，富人不学，富不长久。这里的穷与富我们可以理解成经济上的穷与富和思想上的穷与富，如果你身无分文，那样你如果想成功，只有通过你富有的大脑才可以帮助你想到成功的点子。阿里巴巴网站创始人马云，就是凭借着他富有的大脑而取得成功的。当然，你经济上很富有，但是思想很贫穷，那样，我相信结果你也一定会富不长久的。

　　全录公司的首席科学家约翰·西里·布朗（John Seely Brown）提到，将跨越 21 世纪的人类，首先要学会如何去学习，并且学会如何去喜爱学习新事物。

　　作为父母，如果你也想让孩子成为华尔街上那一道绚丽的风采，你也想让孩子成为人人羡慕的华尔街精英中的一分子，那么你就该让孩子了解到学习的重要性和紧迫性，把孩子培养成一个学习型的人才。

一、让孩子自主学习

　　学习型人才有很强的求知欲、好奇心，对学习充满兴趣。他们学习不是出于外在的压力，而是出于自身的兴趣。"兴趣是最好的老师"，他们的学习具有主动性，自觉性，所以大凡在学业上有所建树的人，一般都是那些好读书，爱动脑，对学习充满兴趣，并能从学习中得到乐趣的人。终身教育就是要努力培养孩子学习的主动性、积极性，激发其学习的兴趣，鼓励孩子探索，使其从中得到满足，逐步提高学习的自觉性。

二、培养孩子自学能力

　　自学能力就是自我学习的能力，这是十分重要的能力。孩子有了一定的自学能力才能获得广泛的知识，才能学得更灵活、更扎实。孩子应具备的自学能力有：使用工具书的能力；预习能力；初步的分析和概括能力；提出疑难问题，发现问题，分析问题，并学习解答的能力等。

三、掌握良好的学习方法

学习固然要不怕吃苦，但掌握有效的学习方法可以少走弯路，从而尽快地达成目标。学习型人才能掌握科学的学习方法，勤于思考，兴趣广泛，他们看上去或许不太"用功"，但他们会学习，往往能举一反三，取得事半功倍的学习效果。

一个人的成长高度，重点在于此人是否为学习型人才。甚至一个人是否为学习型人才将决定此人的一切成败。基于此种原因，父母应努力把孩子培养成学习型人才。

积累在平时，让孩子养成良好的学习习惯

古人说得好，"集腋成裘，聚沙成塔"，这句话强调了积累的作用。荀子给我们留下一句"不积跬步，无以至千里；不积小流，无以成江海"，它同样强调了我们在做事过程中要不断地积累。积累是一个量变引起质变的过程，要发生质变，没有一定的量变做基础是不行的。

在现在这个充满竞争的社会中，有的人干事情总想一口吃个大胖子，想像百米赛跑那样快速取得成功。可是他们并不知道这个社会中只有积小胜才能得大胜，只有一点一点的积累才能取得最后的辉煌。

有一位拥有 100 万美元的富翁，原来却是一位乞丐。我们心中难免会产生疑团：依靠人们施舍一分、一毛的人，为何却拥有如此巨额的存款？

事实上，这些存款当然并非凭空得来，而是由一点点小额存款累积而成。从一分到十元，到千元、万元，以至到百万元，就这么积聚而成。不通过长期一点点积累，想靠乞讨很快存满 100 万美元，那几乎是不可能的。

其实，我们家长也明白这个道理：如果我们挣得不多，又想存下点钱当孩子的教育基金，就要靠每月积攒一点点钱。虽然这不可能一夜暴富，但也算是一个积累财富的办法。储蓄的数目不在多，贵在坚持，哪怕只是储蓄一点小钱，都会"集腋成裘，聚沙成塔"。

财富需要积累，学习同样需要积累。学习首先要解决的问题是知识的从无到有、从少到多、从浅到深。因此，一定量的积累对任何科目都是非常必要的。学习的遗忘频率很高，知识面又很窄，所以必要的量的积累就

显得尤为重要。

晋代著名书法家王羲之每次练完书法之后，都会在院门前的一个池子里洗笔。起初，笔上的墨滴进池子里就不见了踪影，不留下一点痕迹。但随着王羲之持之以恒的练习，他最后竟把池子里的水洗成黑色的了，而他自己也练成了鼎鼎大名的书法家。

鲁迅先生的文学成就堪称现代文学史上的里程碑，尤其是他那一篇篇短小精悍的杂文至今仍充满"战斗力"。为此，有人给他冠以"天才"和"中国的高尔基"等多项"荣誉称号"，但他却毫不遮掩自己的"短处"。他说："哪里有什么天才，我是把别人喝咖啡的功夫都用在了工作上。"他曾对羡慕他文章写得好的人说："老实告诉你，我的学问并不好，我写的文章，常常挨人骂。谁说我有本事，又能干？我常常上别人的当，吃别人的亏！"

当然这可以理解为是鲁迅先生一贯的谦逊与幽默之词。但有一次他却亲口对他弟弟周建人说，他离开了书报就写不出东西了。所以他毕生重视读书学习与资料收集工作，并每每以此为乐。他说：我伏在书桌前写作时是工作，坐在躺椅上看书读报就是休息。他认为积累资料就应该像蜜蜂采蜜，不辞劳苦，点滴积累，集少成多。据说他当年为了写《中国小说史略》一书，就付出了极其艰辛的劳动，从浩瀚的书海中一点一滴地进行摘录和收集，从不厌烦；他所写的《小说旧闻钞》一书，就是从 90 余种 1500 余卷书中用蝇头小楷一笔一画抄录出来的，真可谓是"废寝忘食，锐意穷搜"了。

还有一个故事也说明了这个道理：有一天一个水滴从房檐上滴下来，掉在了一块石头上。石头大笑道："小水滴呀，小水滴呀，就凭你那微小的力量还能滴穿我？"小水滴一言不发只顾往下滴。一年、两年……十年过去了，小水滴终于滴穿了大石头。

在历史的长河中，有多少成功不是一点一点积累起来的呢？李时珍尝遍百草才写出了药学巨著《本草纲目》；司马迁十年如一日，才写出了史学巨著《史记》；爱迪生通过上万次的实验，发明了造福全人类的电灯。无论

成功的路有多远，只要一点一点积累起来总会成功。

所以家长要告诉孩子，要想成功先要学会积累。

积累知识首先要达到积累的深度和广度。使用沙堆模型来形容知识的广度和深度，以及两者之间的关系比较恰当。沙堆能够堆多高代表知识的深度，沙堆底面占的面积则代表知识的广度。

术业有专攻，真正能够代表核心竞争力和创造效益的是沙堆的高度，即知识的深度。因此当我们准备达到一个高度时，首先要准备够知识的广度或者说沙堆的底面的基础。在一定的沙堆底面积下，沙堆堆积到一定高度后就很难再堆高了，这个时候必须首先要把沙堆的底面积扩大，即进一步拓展知识的广度，当广度扩大后才能够在广度的基础上进一步朝高度发展。

有了广度后，即沙堆底面积累到一定面积后，就需要有意识地将这种广度朝深度转换，因为只有将广度转换为深度，才能够提高个人核心竞争力和创造效益。如果一味地追求广度，将无法将价值最大化。

所以，孩子在学校学习阶段，重点是积累基础知识，铺开沙堆的底面积为广度做准备。学习积累的知识越多，视野越宽，在工作后更容易比别人的沙堆堆得更高。

知识的积累应是多方面的，我们不仅让孩子读课本、做练习、考试，还应要求孩子多读课外书，经典名著、报纸杂志，顺手拿来就读，尽管很杂，但这正是获取知识和积累知识的好途径。同时，要深入生活，体验生活，仔细观察和了解，不断补充新知识，才能很好地完成知识的积累。

授之以鱼，不如授之以渔

中国有句古话叫"授人以鱼不如授人以渔"，说的是传授给人既有知识，不如传授给人学习知识的方法。道理其实很简单，鱼是目的，钓鱼是手段，一条鱼能解一时之饥，却不能解长久之饥，如果想永远有鱼吃，那就要学会钓鱼的方法。

爱迪生，一个一生中只在学校读过3个月书的人，最后成为发明家，被人们称为"发明大王"，为人类的文明和进步作出了巨大贡献。爱迪生为什么能成功？天才？勤奋？恐怕不只这些，做事情讲究方法也占了很大原因。大家可能都知道以下这个故事：

一天，爱迪生像往常一样，在实验室里埋头做着实验。这时，他递给助手一个没上灯口的梨形空玻璃灯泡，说："一会儿请告诉我灯泡的容量。"

助理听后赶紧陷入深思，紧锁眉头，低头工作了。

过了好半天，爱迪生问："容量是多少？"

这时，助手正拿着软尺在测量灯泡的周长、斜度，并拿了测得的数字伏在桌上计算。他根本没有听到爱迪生的询问。由于灯泡是梨形的，不是规则的形状，所以，计算灯泡的周长、斜度都非常麻烦。

看到助手还没有算出结果，爱迪生有些着急了，他说："时间，时间，怎么费那么多的时间呢？"爱迪生走过来，拿起那个空灯泡，向里面斟满了水，交给助手，说："把里面的水倒在量杯里，马上告诉我它的容量。"

助手立刻读出了数字。

爱迪生说："这是多么容易的测量方法啊，既准确，又节省时间，你怎么想不到呢？还去算，那岂不是白白地浪费时间吗！"

助手的脸红了。

爱迪生对助手说："浪费，最大的浪费莫过于浪费时间了。人生太短暂了，要多想办法，用极少的时间办更多的事情。"

学习也是一样。掌握学习方法，比掌握知识更重要。有了良好的学习方法，孩子可以更快地掌握知识。学习方法不当往往导致事倍功半，更何况如今我们身处需要终身教育的时代，不掌握学习的方法就难以应对纷繁复杂的知识需求。所谓"终身教育"，就是一辈子都要学习，不断地学习，否则就会落伍。

"21 世纪的文盲不是不识字的人，而是不会学习的人。"如何在信息爆炸的时代用最有效的学习方法获得最多的知识已经刻不容缓。一套完整的学习方法，不但能提升孩子的自信，还可使孩子在相关学习的领域中获得成功。

要想在有限的一生中学到更多知识，除了要坚持不懈地努力外，最重要的就是要掌握一套适合于自己的学习方法。

有人说："没有做不到的事，只有不会做事的人。"我们也可以说："没有学不会的知识，只有不好的学习方法。"有些很好的学习方法是经过许多人的努力实践才得出的，是值得我们去借鉴的。阿基米德说："There is no royal road for learning."

过去人们常常认为只要肯吃苦、勤奋，就会取得好成绩，甚至大肆赞扬笨鸟先飞这种观点。是的，笨鸟先飞从学习态度上的确是值得赞扬的，但是作为一种学习方法则无任何可取之外。因为没有一只鸟天生愚笨，只要掌握了正确的学习方法，"笨鸟"也能变成"聪明鸟"。可见学习方法才是最重要的。

社会的飞速发展需要科学的学习方法和手段，有效的学习方法可以节省学习时间，提高学习成效，以及提升自我的信心。

让孩子掌握学习方法并不是说说而已，孩子的学习方法是在孩子学习

的过程中形成的。如果没有学习，没有作业，孩子是不会形成学习方法的。

学习方法也是具体的，物理有物理的学习方法，英语有英语的学习方法，数学有数学的学习方法。学校的作业量减少，考试方式改变，孩子的学习方法也会相应地改变。所以，父母要引导孩子在学习的过程中不同的学科采用不同的学习方法，力戒用同一种学习方法学习所有学科。

当孩子复习功课的时候，父母不要让孩子按数学、物理、化学、语文、英语的顺序复习。因为心理学关于记忆的研究表明，理科复习完再复习文科的效果，比理科复习完再复习另外一门理科的效果好。孩子如果按照数学、语文、物理、英语、化学的顺序复习，效果应该会比较好。父母把自己的建议说出来与孩子及时地讨论，孩子是乐意接受的。

中国古代的思想家孔子曾经说过："学而不思则殆，思而不学则罔。"学习与思考是不可分离的，只有在学习中多想才能把知识消化理解成自己的东西。通过发挥自己的思维作用、联想作用、想象作用，才能使知识牢固地存放在记忆的仓库中，在使用知识时准确与迅速地提取出来。

所以，作为父母，要告诉孩子在上课及做作业时多开动脑筋思考，培养和训练自己的分析能力、综合能力、比较能力、抽象能力与概括能力。

应试教育中的题海战术，就是同一类型的题反复做，而效果并不见得多好。通过做题多思，孩子有时间多思考，才会比较它们的类型、特点，这样才能充分发挥思维的作用，使孩子做题时能够举一反三。

爱因斯坦说过：成功＝艰苦的劳功＋正确的方法＋少说空话。对于孩子来说，艰苦的劳动和少说空话是容易做到的，而正确的方法、摸索的过程就会有些困难。因为任何一种学习方法再好，也不可能适合每一个人。孩子掌握正确的学习方法在某种程度上说就是寻找适合自己的学习方法。所以父母要在孩子的学习过程中，引导帮助孩子形成自己的学习方法。

高速高效，让孩子走向成功的捷径

做任何事情，都要考虑你的付出和得到之间的比例。尽可能花最少的时间完成任务才是你要追求的目标。

李·雷蒙德，这个继洛克菲勒之后最成功的石油公司总裁，被人称为是工业史上绝顶聪明的 CEO 之一。因为没有人能够像他一样，令一家超级公司的股息连续 21 年不断攀升，并且成为世界上最赚钱的一台"机器"。这个聪明人的信条就是：在速度中抓住机遇。

在他的影响下，这一信条已经成为他所在公司秉持的理念之一，"追求高效"已经成为了埃克森·美孚石油公司企业文化的一个重要部分，美孚石油公司跃升为全球利润最高的公司，有着埃克森公司和美孚公司携手的因素，更重要的是因为它拥有一支高效运转的员工队伍。

李·雷蒙德的一位下属曾经这样解释这一理念：

速度往往是能不能战胜对手的极为关键的一点，因此，无论做什么事，只能高速度高质量地完成，才能处于不败之地。然而，无论我们是否在高效率地完成任务，我们的工作都必须由我们自己去完成。通过暂时逃避现实，从暂时的遗忘中获得片刻的轻松，这并不是根本的解决之道。要知道，因为效率低下或者其他因素而导致工作业绩下滑的员工，就是公司裁员的必然对象。无论是谁，都可能会成为由于没有高效率地完成工作给公司带来损失而负责的人。如此一来，我们就可能在一个庞大的公司里，创造出"每一个员工都高效利用时间，快速完成工作"的奇迹。"现在就做"，决不

拖延。于是，速度创造效率。

速度是效率的重要标志，没有速度就谈不上高效率。现实生活中，效率的高低决定发展的快慢。一个国家，一个民族，甚至一个团体或一个企业，在其追求快速的发展进程中，效率被作为一种文化加以重视。

在这个信息爆炸、瞬息万变的时代，做任何事情都可以而且完全应该去追求一种更快、更高的速度和效率，学习更是不例外。作为父母，你要考虑怎样才能帮助孩子提高学习效率。

父母肯定有感触，当你对要做的事情满怀期待，真正地喜欢、发自内心地渴望去做时，往往效率极高。卡耐基曾说："人类多数的疲劳是由厌恶和反感造成的。"所以，要提高孩子的学习效率，首先要帮助孩子调整心态，消除厌学情绪，激发学习热情。父母要结合具体学习内容的特点，说明学习的社会意义及其对孩子前程的影响，使孩子明白学习的意义，从而对学习产生兴趣并自觉地去学习。只有孩子的心态改变了，不再把学习当做一种负担，才能从根本上提高学习效率。

根据数学中统筹学的原理，许多事件进程同步规划的差异会导致结果的完全不同。以煎煎饼这样一个简单的过程来举例进行分析：

有3个饼要煎，可是只有2个锅，煎一个饼的第一面要1分钟，第二面也是1分钟，煎好1个饼要2分钟，怎样才能把3个饼在最短的时间内煎好呢？

甲和乙两人同时开始煎。甲按照顺序，每个煎饼分别进行，总共用时6分钟；而乙却只用3分钟便可以完成：第1分钟：第一个锅煎第1个饼的第一面，第二个锅煎第2个饼的第一面。第2分钟：第一个锅煎第1个饼的第二面，第二个锅煎第3个饼的第一面。第3分钟：第一个锅煎第2个饼的第二面，第二个锅煎第3个饼的第二面。这样便节约出3分钟的时间。二者的效率高低不言自明。

可以看出管理好时间在提高办事效率中的重要性。同样，管理好学习时间对提高学习效率同样重要。孩子如果能管理好学习时间，就会在同样的时间里做更多的事情，把一件事情在最短时间内做完。

为了让孩子管理好自己的学习时间，父母要让孩子参与到活动时间规则的制定中来，增强孩子遵守时间的自觉性。日常生活中，不将自己的想法和规则强加在孩子身上，而把孩子看做独立的个体，和他一起商量制定适合的计划表，是我们父母需要努力尝试的。因为只有这样，孩子才能在平等民主的氛围下有一种参与感，体会到父母对他的尊重。而且，这样的时间计划表是真正意义上孩子自己制定的时间规则，孩子比较乐意接受。

在制定好学习目标或计划后，父母要督促孩子立即行动起来。

在第二次世界大战中，三巨头之一的丘吉尔可以说是个高效的工作狂，平均每天工作 17 个小时，还使得他的十位秘书也像陀螺一样忙个不停。他制定了一种体制，给那些行动迟缓的官员们的手杖上都贴了一张"即日行动起来"的签条，就是为了要提高政府机构的工作效率。

帕金森定律认为，低效的工作会占满所有的时间。一位闲来无事的老太太为了给远方的外甥女寄一张明信片，可以足足花上一整天的工夫。找明信片要一个钟头，查地址半个钟头，写信一个钟头零一刻钟，然后，送往邻街的邮筒去投邮究竟要不要带把雨伞出门，这一考虑又花了 20 分钟。一个效率高的人在 3 分钟内可以办完的事，另一个人也可以为此操劳整整一天，最后还免不了被折磨得疲惫不堪。这就是差别。

无论制定了怎样的学习目标，想好了就要立刻开始行动。帮孩子努力养成立刻行动的习惯，才能及时抓住良好的时机，尽早实现目标。

此外，还要让孩子学会放松。学习累了，短暂的休息是必要的，休息是为了以后走得更快。没有必要与疲劳作战，何况让孩子与疲劳作战的后果只会是效率直线下降，得不偿失。

在人生的道路上，只有当孩子养成了高速高效的习惯后，才能时时抢占先机，得到更多的资源和机会，更快地获得成功。

调制"营养餐"，补充多种"维生素"

华尔街金融从业人员共分为五种类型：第一类是在大型投行、全能银行担任高管的人士和基金经理；第二类是金融分析师与产品设计师；第三类是交易员与销售员；第四类是技术人员；第五类是专业律师、会计师、评估师等。其中华人约 2000 名，多数为名校毕业后直接进入华尔街的年轻人，主要从事与数据分析及技术相关的业务工作。而其中中年技术骨干则既懂金融又懂计算机，有的还会研发软件。

对华尔街精英的高薪，我们不要羡慕或心生嫉妒。因为任何回报都是通过付出得来的，付出得越多，得到的才越丰厚。华尔街精英们的本领，作为平常人，只要掌握任何一种都能在社会上得到不错的收入，过上还算富足的生活。金融、计算机、软件开发……哪一个不是一门过硬的技能，哪一门不能让我们在社会上立足呢？

所以，作为父母，要想让孩子出类拔萃，就要把孩子培养成复合型人才。

什么是复合型人才呢？复合型人才就是多功能人才，是具有宽阔的专业知识和广泛的文化教养，具有多种能力和发展潜能，以及和谐发展的个性和创造性的人才。其特点是多才多艺，能够在很多领域大显身手。复合型人才包括知识复合、能力复合、思维复合等多方面。当今社会的重大特征是学科交叉，知识融合，技术集成。这一特征决定每个人都要提高自身的综合素质，个人既要拓展知识面又要不断调整心态，变革自己的思维，

成为一名"光明思维者"。

曾任国务院副总理的李岚清同志曾说："要注意培养复合型人才，既懂经济贸易，又懂工业农业；既懂经营管理，又懂生产技术。精通一门，兼知其他。"

专家指出，复合型人才不仅在专业技能方面有突出的经验，还具备较高的相关技能。比如随着 IT 技术完全融入银行、保险、证券等行业，通晓金融、IT 两大领域的金融业人才就是复合型人才，而这类人才在近年就十分抢手。

看来，我们可以把复合型人才理解为在各个方面都有一定能力，在某一个具体的方面出类拔萃的人。

培养复合型人才并不是一件容易的事。在目前阶段父母要想把孩子培养成复合型人才，首先应引导孩子文理都要学习好，不能出现偏科的现象。

可能家长都对著名的"木桶理论"有所了解，其道理是这样的：木桶最主要的作用是用来盛水。一个由多块木板构成的木桶，其价值在于其盛水量的多少；但决定木桶盛水量多少的关键因素，不是那块最长的木板，而是最短的那块。对于一只圆口不齐的木桶来说，其中的某一块木板或者几块木板再高都没有用，突出的木板一样不能盛水，只能是最短的那块木板制约着木桶的盛水量。这块短板本身是有用的，只是因为"发展"得没有其他木板那么好，所以影响了整体的实力，阻碍了整体的发展。

把"木桶理论"用在孩子身上就是要文理兼顾，把每门功课都学好，不能让孩子出现偏科的现象。

学习偏科，作为孩子学习过程中普遍存在的现象，一直以来令家长头痛不已。补课、强化做题等等方法用尽，依然成效甚微。实际上，每个孩子的个性特点不同，学习环境不同，学习方法不同，产生偏科的原因各不相同。只有对症下药，才能有效防止和根治。

面对孩子的偏科现象，父母习惯于简单地说教，想让孩子认识到社会需要的是复合型人才，综合素质才是衡量一个人才能的最佳尺度等等。其

17

实这是站在成人的角度看问题。在实际操作中，往往是父母的一厢情愿。对于世界观正在形成的孩子，说教往往收效甚微，如何从孩子的角度看问题才是关键。

孩子大多处在兴趣大于毅力的阶段。对自己在个别科目上存在的问题，不善于总结，长此以往，问题便越积越多。父母要注意观察孩子，如果出现某科作业较慢，错误较多，马马虎虎，可能就是偏科的初始表现。再从孩子的卷面分析，就可以判定是不是出现了暂时性偏科。父母首先要帮孩子找出原因，要注意和老师沟通，了解孩子在该科的课堂情况，防止出现实质性偏科。

父母还可以从孩子喜欢的学科入手，让孩子知道各门学科的关系，认清偏科的危害性，特别是对学习成绩的影响——这往往是孩子最看重的，进而克服不爱学薄弱科目的畏难情绪。要让孩子知道，自己的偏科是暂时性的，偏科不可怕，怕的是失去了学习这门课的兴趣和自信心。

除此之外，父母还要鼓励孩子在弱势科目上的点滴进步，引导孩子主动加强对弱势学科的日常学习；也可以从相关学科中找出突破点，进而带动弱势学科的提高。

要想把孩子培养成复合型人才，除了学好各门功课外，还应该鼓励孩子在课余时间博览群书。

希腊哲学家苏格拉底说过："真正高明的人，就是能够借助别人的智慧，来使自己不受别人蒙蔽的人。"孩子，获得智慧，感悟人生，绝不能只靠个人的经历和实践，而须利用前人已积累的经验。古人云："凡操千曲而后晓声，观百剑而后识器。"初学书法的人常要临摹字帖；临摹多了，自己就要学会一着，佳者还要独创一体，成为书法大师。初学表演的人常要模仿他人，甚至亦步亦趋；模仿多了，自己就会娴熟自如，佳者还要独成一派，比师者更高一筹。初学各种手艺的人都要从师，从一锛一斧、一锤一凿、一刀一剪，照葫芦做瓢；照做多了，自己就会巧技在手，佳者更会花样翻新、独出心裁。

博览群书能开阔孩子的视野，增长孩子的知识。只有博览群书，才能使孩子从记载着无数科学知识的书籍中接受历史上无数生活经验的结晶，丰富的科学知识，提高学生的智力，发展其想象能力。

总之，把孩子培养成复合型人才，父母就要从小抓起，从基础做起。

成就伟业，先从打好基础知识开始

基础指建筑底部与地基接触的承重构件，它的作用是把建筑上部的荷载传给地基。因此地基必须坚固、稳定而可靠。基础对建筑来说起着至关重要的作用。基础牢固，建筑就经世不倒；如果基础不牢固，建筑就岌岌可危。

我们在从事某项体育运动之前，先要做拉伸运动以锻炼身体的柔软性，同时进行力量训练增加肌肉，再通过耐力训练强化心肺功能，最后才是磨炼运动技术。而如果将这一过程颠倒，一上来就学习那些精妙的技术，虽说也可能成功，但成功的速度可是要大打折扣了。

学习也是如此，最为重要的就是认真打好基础知识。

物理学家王阳元说："扎实的基础不仅来源于中学、大学获得的知识，以及掌握的基本学习方法、思维方法等等，也来源于长期工作中不断积累、学习到的大量新的理论、新的技术及总结出来的新的科研方法。"

神经生理学家陈宜张说："'基'指建筑的根脚，'础'指房子柱子的脚石，基础对于建筑物的牢固十分重要。基础知识对于人的一生工作、学习，同样是十分重要的。"

物理化学家吴浩青说："现代科学发展的特点是学科之间的相互渗透，例如化学与生物学相互渗透形成交叉学科——生物化学，化学与物理相互渗透形成物理化学等等。认清了这一特点，就必须有广泛而扎实的基础知识，好比建造高楼大厦必先打好坚实的墙基。根深叶茂才能结出丰硕的

果实。"

看来，做任何研究工作都需要人们在学生阶段积累大量的基础知识。以下我们就结合与金融业关系密切的相关科目具体探讨一下。

金融学专业培养具备货币银行学、国际金融、证券、投资、保险等金融学方面的理论知识，并具有金融领域实际工作的基本能力，能在银行、证券、投资、保险及其他经济管理部门和企业从事金融工作的高级人才。该专业对数学水平要求较高，因此要想学好金融学，学好数学是必不可少的。

银行家用他的经验描述了数学的重要性："花旗银行70％的业务依赖于数学，如果没有数学发展起来的工具和技术，许多事情我们是一点办法也没有的……没有数学我们不可能生存。"

在冷战结束后，美国原先在军事系统工作的数以千计的科学家进入了华尔街，大规模的基金管理公司纷纷开始雇请数学博士或物理学博士。这是一个重要信号：金融市场不是战场，却远胜于战场。但是市场和战场都离不开复杂艰深、迅速的计算工作。

由此可见，在孩子的学习阶段学好数学对培养具有金钱思维的孩子来说是很重要的。那么怎样学好数学呢？那首先要从打好数学基础知识开始。

著名数学家陈景润说："我觉得在学习上没有捷径好走，也无'秘诀'可言。要说有，那就是刻苦钻研，扎扎实实打好基础，练好基本功，要打好坚实的基础，循序渐进。"

苏步青教授指出："学习这东西，是有规律的，必须由浅入深，由易到难，由低到高，循序渐进。"

数学家王元指出："不断地抽象是数学的特点之一，学习数学时不断会碰到新的抽象概念，学习数学首先要弄清一个个的概念。否则脑子里难免一盆浆糊。"他又指出，"学数学最怕的是吃夹生饭。如果一些东西学得糊里糊涂，再继续往前学，则一定越学越糊涂，结果将是一无所获。所以不要怕学得慢，一定要学得踏实"。

这里所说的打好基础，主要是指要学好数学基础知识（包括数学概念、

定理、法则、公式等），练好基本技能（如运算技能、画图技能、数学语言技能、推理论证技能等），掌握基本数学思维方法。

作为父母，我们要告诉孩子要想学好数学，必须重视数学基本概念、基本定理（公式、法则）的学习，在理解上下功夫。对这些基础知识要反复学习，反复思考，用心记忆。并在此基础上多做练习，达到运用自如。

笛卡尔是 17 世纪法国杰出的哲学家，是近代生物学的奠基人，是当时第一流的物理学家，但他并不是专业的数学家。

笛卡尔的坐标系不同于一个一般的定理，也不同于一段一般的数学理论，它是一种思想方法和技艺，它使整个数学发生了崭新的变化，它也使笛卡尔成为了当之无愧的现代数学的创始人之一。

在诸多领域都成就非凡的笛卡尔在别克曼指导下开始认真研究数学，别克曼还教笛卡尔学习荷兰语。这种情况一直延续了两年多，为笛卡尔以后创立解析几何打下了良好的基础。而且，据说别克曼教笛卡尔学会的荷兰话还救过笛卡尔一命。

有一次笛卡尔和他的仆人一起乘一艘不大的商船驶往法国，船费不很贵，但没想到这是一艘海盗船。船长和他的副手以为笛卡尔主仆二人是法国人，不懂荷兰语，就用荷兰语商量杀害他们俩抢掠他们钱财的事。笛卡尔听懂了船长和他副手的话，悄悄作好准备，终于制服了船长，才安全回到了法国。

笛卡尔之所以了不起，不但因为他是哲学家、生物学家、数学家、物理学家，而且笛卡尔还精通外语。我们学习的任何知识都不是没用的。文科知识能帮助我们更好地理解一件事物或者现象，理科知识教给我们缜密的思维。所以，作为父母，我们要告诉孩子在校期间学习的任何一门科目都有学习它的道理。我们不能因为自己的好恶而不去学好它。

激发学习兴趣，让孩子边玩边学

1828 年的一天，在伦敦郊外的一片树林里，一位大学生围着一棵老树转悠。突然，他发现在将要脱落的树皮下，有虫子在里边蠕动，便急忙剥开树皮，发现两只奇特的甲虫，正急速地向前爬去。这位大学生马上左右开弓抓在手里，兴奋地观看起来。

正在这时，树皮里又跳出一只甲虫，大学生措手不及，迅即把手里的甲虫藏到嘴里，伸手又把第三只甲虫抓到。看着这些奇怪的甲虫，大学生真有点爱不释手，只顾得意地欣赏手中的甲虫，早把嘴里的那只给忘记了。嘴里的那只甲虫憋得受不了啦，便放出一股辛辣的毒汁，把这大学生的舌头蜇得又麻又痛。他这才想起口中的甲虫，张口把它吐到手里。然后，他不顾口中的疼痛，得意洋洋地向市内的剑桥大学走去。

这个大学生就是查理·达尔文。后来，人们为了纪念他首先发现的这种甲虫，就把它命为"达尔文"。

如果我们对大自然对生物不感兴趣，一定会想，几只虫子有什么好看的？更不会把它们放进嘴巴里。但达尔文可以，因为他对生物非常感兴趣，兴趣让他忘乎所以。

达尔文后来在自传中写道："就我记得我在学校时期的性格来说，其中对我后来发生影响的，就是我有强烈而多样的兴趣，沉溺于自己感兴趣的东西，深喜了解了很多复杂的问题和事物。"

学习本来就是件苦差事，但是如果像达尔文那样对学习内容满怀兴趣，

就能够乐在其中，克服学习中遇到的困难和压力。

兴趣是指一个人力求知识，掌握某种事物，并经常参与该种活动的心理倾向。学习兴趣就是孩子在心理上对学习活动产生爱好、追求和向往的倾向，是推动孩子积极主动学习的直接动力。

爱因斯坦有句名言："兴趣是最好的老师。"兴趣对孩子的学习有着神奇的内驱动作用。充分激发孩子的学习兴趣是给孩子减负提质的最根本、最有效的途径之一。

美国心理学家布鲁纳说："学习的最好动机，乃是对所学教材本身的兴趣。"这就是说，浓厚的学习兴趣可激起强大的学习动力，使孩子自强不息，奋发向上。

父母都希望自己的孩子学得既轻松愉快，又能取得好成绩。但往往很多时候不尽如人意，有的孩子一提到学习就头痛，他们怕读书，怕做作业，更怕写作文。遇到这些情况，不少家长都束手无策，无可奈何，是什么原因造成孩子厌学呢？其实主要就是孩子对学习没有兴趣。学习兴趣是推动孩子学习的一种最实际的动力，它能够促使孩子自觉地去学。因此，对孩子学习兴趣的培养很重要。

一个小孩子梦想成为一名画家，一有空闲就开始画画。父亲见他如此痴迷，便领他去拜访一位老画家。老画家看了他的画后，问："孩子，你为什么要学画画呢？"

"我想成为一个画家。"他说。

"但不是每一个学画画的人最后都能成为画家。"老画家提醒他说，"孩子，你画画时觉得快乐吗？"

"快乐。"他回答说。

"有快乐就够了！这世界上有两种花，一种花能结果，一种花不能结果。而不能结果的花却更加美丽，比如玫瑰，又比如郁金香，它们从不因为不能结果而放弃绽放自身的快乐和美丽。人也像花一样，有一种人能结果，成就一番事业；而有一种人不能结果，一生没有什么建树，只是一个普通人而已。但普通人只要心中有快乐，脸上有欢笑，照样可以像玫瑰和

郁金香那样，得到人们的欣赏和喜爱。"

临走时，老画家拍拍他的肩膀，鼓励他说："孩子，去做一个快乐的人吧，因为有快乐人生就有幸福，有快乐生活就充满阳光。"

我们父母也要让孩子成为一个快乐的人。让孩子在学习过程中保持一颗平静、快乐的心，把学习当成游戏来玩耍。只有把学习当做一件快乐的事情来做，孩子才会对学习产生兴趣，才会有学习的欲望，也才会有学好的愿望。

让孩子保持愉快的心情的一个重要途径就是及时鼓励孩子的成功。成功是使孩子感到满足并愿意继续学习的一种动力。孩子一旦获得成功，就会感到满足，并愿意继续学下去。

因此，父母应该鼓励、引导孩子，让他们体验到成功的喜悦。每个孩子的智力、接受能力都有所不同，父母应该全面去了解自己的孩子，根据自己孩子的具体情况为他们去制定一些容易达到的小目标。这样可以使孩子觉得能够做到，他就有信心、有动力去做，就会获得成功。当他体验到成功的乐趣时，就会有兴趣、有信心去实现下一个目标。随着一个个小目标的实现，孩子就会不断取得进步。

孩子树立目标，建立方向，需要循序渐进，不能操之过急。父母要耐心引导，具体帮助，使孩子体验到克服困难获得成功的乐趣。比如，低年级的孩子学会拼音和常用汉字后，可让他们给外地的亲戚写封短信，并请求远方的亲人抽空给孩子回信，让他们尝到学习的实际效用，这样有利于培养孩子的学习兴趣。

另外，父母要注意自己的言行和态度。经常在家中对孩子打、骂，拿他们和班里的优秀学生比，经常在孩子面前流露出对他的不满等，这些做法只会伤害孩子的自尊心，使孩子自暴自弃，对学习失去信心和兴趣，久之则形成一种恶性循环。

子曰："知之者不如好之者，好之者不如乐之者。"这就告诉我们，乐于做最可贵，兴趣在孩子的学习生活中非常重要。

自主学习，引导孩子主动获取知识

在时间就是金钱的华尔街，交易人员是没有时间，也没有耐心带徒弟的。也就是说，新人完全没有不耻下问的奢侈环境，做错了就要挨骂，这就需要想在华尔街立足的人有超强的自主学习能力。

华尔街中国女强人高梅讲起了她初上交易场时的往事："在证券交易沙场上，往往能在电视中看到交易人员隔着老远，用手比画着跟对方说话。他们说的都是自己的语言，外人根本听不懂。刚开始，我听着同行们的话简直像听外语，而且没有人会来教我，只有硬着头皮自己学。我就站在同行旁边，观察他们说的每个字、每个动作，然后把二者结合在一起，再结合当时的交易场景，分析揣测话的内容。一次猜错了，就再猜。往往一个动作会猜上好几次才知道真正含义。就这样，凭借着对'外语'特有的亲近感，以及不怕吃苦的精神，我很快就适应了。"

1979 年 6 月，中国曾派一个访问团去美国考察基础教育。访问团回国后写的考察报告说：美国学生无论品德优劣，能力高低，无不踌躇满志；小学二年级的学生，大字不识一斗，加减乘除还在掰手指头，就整天谈发明创造，重音体美，轻数理化；课堂几乎处于失控状态，最甚者如逛街一般，在教室里摇来晃去。结论是：美国的基础教育已经病入膏肓，再用 20 年的时间，中国的科技和文化必将赶上和超过这个所谓的超级大国。

同一年，作为互访，美国也派了一个考察团来中国，也写了一份报告：

中国的小学生在上课时喜欢把手放在胸前，除非老师发问时举右手，否则不轻易改变；早晨 7 点以前，在中国的大街上见得最多的是学生，中国学生有家庭作业，是学校作业在家庭的延续，中国把考试分数最高的学生称为学习优秀生，一般会得到一张证书，其他人则没有。报告的结论是：中国的学生是世界上最勤奋的，他们的学习成绩和世界上任何一个国家的同年级学生比较都是最好的，再用 20 年的时间，中国在科技和文化方面，必将把美国远远地甩在后面。

这么多年过去了，美国"病入膏肓"的教育制度共培养了几十位诺贝尔奖获得者和一百多位知识型的亿万富翁，而中国还没有哪一所学校培养出一名这样的人才。

华尔街最需要的自主学习能力恰恰是中国孩子最缺乏的能力。那么作为父母，我们要想培养具有金钱思维的孩子，必须从这里开始。

孟子曰："君子深造之以道，欲其自得之也。自得之，则居之安；居之安，则资之深；资之深，则取之左右逢其原。故君子欲其自得之也。"在他看来，一个人获得高深的造诣，要靠自己积极主动的学习；经过积极主动的学习，所学的知识就能牢固地掌握，就能积累起丰富的知识，在应用知识的时候就能得心应手，左右皆宜。

所谓自主学习，顾名思义就是让孩子依靠自己的努力，自觉、主动、积极地获取知识。自主学习能力则是在学习活动中表现出来的一种综合能力。具有这种能力的孩子有强烈的求知欲，善于运用科学的学习方法，合理安排自己的学习活动。他们勤于积极思考，敢于质疑问难，在学习过程中表现出强烈的探索和进取的精神。

在当今知识总量以成倍速度递增的前提下，要赶上信息时代的步伐，自学能力的培养是关键。有了自学能力，无论知识更新的周期如何加快，科学技术综合化的趋势如何强烈，都可以依靠自学能力去有效地掌握知识。自学能力也恰恰是培养孩子自主学习能力所必备的能力。

自学能力就是自我学习的能力，是十分重要的能力。孩子有了一定的自学能力才能获得广泛的知识，才能学得更灵活、更扎实。孩子应具备的自学能力有：使用工具书的能力；预习能力；初步的分析和概括能力；提出疑难问题，发现问题，分析问题，并学习解答的能力等。

指导孩子使用工具书。字典或词典等工具书，能帮助孩子扫除阅读障碍，提高阅读能力。因此，必须教给孩子查字典和词典的方法，并能独立运用，形成能力。

培养孩子课前预习的习惯。课前预习是学习的一个重要环节。在自学中遇到问题能自行解决，孩子就能从中得到鼓舞，增强信心。如果自学中遇到不能解决的问题，上课时经老师讲解，就能从中得到启示，知道应该怎样去自学。

教给孩子做自学笔记的方法。培养孩子自学能力，还要教给孩子边读、边思、边做笔记的方法。孩子读了一本好的课外书，把体会感受最深的地方写出来。孩子自学一篇课文，理解了哪些词语？发现了什么不懂的问题？结合书后的思考题进行分析、理解等等。

自主学习能力的培养除了培养孩子的自学能力，还要培养孩子的自控能力。

在学习阶段，孩子之间存在的竞争，是学习效率的竞争，也是学习方法的竞争。孩子的学习动机、态度、方法，以及兴趣、爱好、情感、意志、性格、品行等都会影响学习的有效性。因此，提高学习的有效性，最好的方法就是努力提高自己各方面的素质，特别是意志品质。这就必须要培养良好的自控能力。

在学习过程中，孩子自身可能存在一些不足，比如懒散、意志力不强、注意力不能集中等等。要改变孩子懒散、注意力不能集中等习性，关键在于培养孩子自我控制的意志力。家长可以帮助孩子确立一个学习榜样或追赶目标；也可以把孩子的学习计划安排得紧凑一点，让孩子时刻有事可做，

减少"分心"的机会，努力提高孩子的自制力。

　　"有志之人立长志，无志之人常立志"。良好的自控能力就是一种优秀的品质。只有具备了自控能力，才能在不同的环境中获取最多的知识，学习才能收到最好的效果！

第二章

成功永远青睐于强者

　　顽强的人会与命运抗衡，这是强者的行为法则，更是华尔街众多成功者所拥有的特质。作为父母，如果我们想让孩子也能摘下弱者的帽子，走上强者之路，就要从小帮助他们培养坚强、勇敢和自信的品质，这是他们在未来应对社会激烈竞争所必备的素质。

让困境成为磨砺孩子的垫脚石

爱迪生研究电灯时，工作难度出乎意料的大。1600 种材料被他制作成各种形状，用做灯丝，效果都不理想，要么寿命太短，要么成本太高，要么太脆弱，工人难以把它装进灯泡。全世界都在等待他的成果，半年后人们失去耐心了，纽约《先驱报》说："爱迪生的失败现在已经完全证实，这个感情冲动的家伙从去年秋天就开始电灯研究，他以为这是一个完全新颖的问题，他自信已经获得别人没有想到的用电发光的办法，可是，纽约的著名电学家们都相信，爱迪生的路走错了。"爱迪生不为所动。

英国皇家邮政部的电机师普利斯在公开演讲中质疑爱迪生，他认为把电流分到千家万户，还用电表来计量是一种幻想。爱迪生继续摸索。

人们还在用煤气灯照明，煤气公司竭力说服人们：爱迪生是个吹牛的大骗子。

就连很多正统的科学家都认为爱迪生在想入非非。有人说："不管爱迪生有多少电灯，只要有一只寿命超过 20 分钟，我情愿付 100 美元，有多少买多少。"有人说："这样的灯，即使弄出来，我们也点不起。"他毫不动摇。

爱迪生始终相信自己。结果你也知道啦，要是他被这些话吓倒，电灯就要被别人发明了。

没有谁喜欢总是处于困境。但是当你处于困境时，请你感谢上天，因为上天给了你磨炼自己的机会，给了你创造奇迹的机会。困境是让普通人

蜕变的法宝。

老鹰可以算是世界上寿命最长的鸟类，它一生的年龄可达 70 岁。但要想活那么长的寿命，它在 40 岁时必须做出困难却重要的决定。

当老鹰活到 40 岁时，它的爪子开始老化，无法有效地抓住猎物。它的喙变得又长又弯，几乎碰到胸膛。它的翅膀变得十分沉重，因为它的羽毛长得又浓又厚，使得飞翔十分吃力。

它只有两种选择：等死，或者经过一个十分痛苦的更新过程——150天漫长的操练。

它必须很努力地飞到山顶，在悬崖上筑巢，停留在那里，不得飞翔。它要首先用它的喙击打岩石，直到喙完全脱落。然后静静地等候新的喙长出来，然后用新长出的喙把指甲一根一根地拔出来。当新的指甲长出来后，它再把羽毛一根一根地拔掉。5 个月以后，新的羽毛长出来了。老鹰开始飞翔。

老鹰很坚强，为了赢得自己的新生命，它忍受着痛苦，经历着磨砺。坚强让困境成为成功者的天堂。

1940 年，一位年轻的发明家切斯特·卡尔森带着他的专利走了 20 多家公司，包括一些世界最大的公司。它们无一例外地拒绝了他。1947 年，在他被拒绝 7 年后，终于，纽约罗彻斯特一家小公司肯购买他的专利——静电复印。这家小公司就是后来的施乐公司。

有一位少年曾经在一家普通的五金公司做销售员。就在他兢兢业业准备在售货员的岗位上干出一番成绩时，有一天，他被公司经理叫进办公室，莫名其妙地受到一顿训斥。最后经理奚落他说："说真的，你这样的人是永远干不出一番事业的，因为你只有一身的蛮劲，还是去做苦力吧。"这大大刺伤了他的自尊心，他当即就反驳道："你有权力辞退我，但你无法消磨我追求成功的意志。我会用意志将自己磨砺成一个成功者……"仅仅几年时间，他便以顽强的进取之心验证了自己要成为一个成功者的誓言。他的名字叫斯泰雷，这时的他已经成为誉满美国的玉米糊大王。

有竞争就会有失败，在这个竞争激烈的社会，失败不会只光顾某些人。

所以，我们每个人都要做好迎接失败的准备，以坚强面对。要记住，失败面前，软弱要不得。

挫折几乎伴随着人生命的全部过程，它像埋伏在人生旅途中的顽皮鬼，于不经意间绊你一个或大或小的跟头，使你陷入人生灰色的圈子从而倍感焦虑，甚至失意彷徨，难以自拔。

面对挫折，坚强的人终会知道这是人生路上必须搬开的绊脚石，更能从中体验到战胜困难，超越自我的快乐。奥斯特洛夫斯基说得好："人的生命似洪水在奔腾，不遇到岛屿和暗礁，难以激起美丽的浪花。"如果我们在挫折面前是勇敢进攻，那么人生就会是一个缤纷多彩的世界。也正如巴尔扎克的比喻："挫折就像一块石头，对弱者来说是绊脚石，使你停步不前；对强者来说却是垫脚石，它会让你站得更高。"

美国次贷危机、房地美和房利美的危机、美国第五大投资银行雷曼兄弟公司的倒闭、美国保险巨头美国国际公司出现的危机等等，就像一张张被推倒的多米诺骨牌，导致全球金融市场震荡不已，世界经济也因此受到重创。曾经风光无限的华尔街精英们如今的日子越来越艰难了。

而这也正是考验这些精英的时候了。是坚强面对，还是软弱放弃，这关乎着他们今后的命运。困境是上天给我们的礼物，不管任何时候、任何地点，成功总是给坚强者最大的礼物，软弱的人无权得到。

所以，作为父母，无论怎样，我们都有必要告诉孩子，在困境面前一定要坚强，因为人不可能总是处于顺境。如果坚强面对，那么，困境就是机会，就是财富。

让孩子独立面对风雨

有这样一个人，他亲自设计并一手成功主持了中国企业在海外发行的"第一股"，自豪地将中华人民共和国五星红旗第一次插上华尔街；他的许多建言良策都在中国决策层备受关注；他为中国海外第一股设计的自由女神和万里长城组成的股票被永久陈列在美国金融博物馆。他就是华尔街名人汪康懋。

1948 年出生于上海的汪康懋，历经艰苦磨砺，自强不息。他大学毕业后上山下乡到了中国边疆云南。在每天十几小时的繁重体力劳动之后，在油灯下，汪康懋仅靠一本袖珍小英汉词典，以坚强毅力翻译出百万字的《林肯传》，1979 年邓小平访美前在中国出版，成为"文革"后公开出版的第一本外国书籍。高考恢复后，汪康懋以全国前三名高分考入北京大学，作为北大十位尖子学生之一，由校长推荐二年级时就参加厉以宁教授领导的研究小组进行中国改革开放的策略研究。

随后，汪康懋在上海交大管理学院任教两年；再后，他仅带 30 美元自费留美，在纽约大学商学院获工商管理高级学位；接着，他又以"上市公司定价"之前沿课题的独创性成果在英国名牌商学院完成金融博士论文，并获高级财务会计师证书和中国法律文凭。汪康懋是最早几个进入华尔街的中国大陆留学生之一。汪康懋深有感触地说，因为自己从边疆底层的艰苦生活中熬到今天，所以更能了解中国老百姓的疾苦，从而产生一种对社会对人类的使命感，并且做事更容易踏实和讲究实效。汪康懋认为，只有

将个人的命运与国家的命运紧紧连在一起，个人才有更多的发展空间，国家富强了，人民生活提高了，个人也随之茁壮成长。

任何成就的获得都要经由艰苦的磨炼，不经历风雨怎能见彩虹呢？梅花香自苦寒来，宝剑锋从磨砺出。

对于家长来说，过分庇护只会使孩子失去成功的机会，那只飞不起来的飞蛾的经历就证明了这一切。

一位名叫阿费烈德的外科医生在解剖尸体时，发现一个奇怪的现象：那些患病器官并不如人们想象得那样糟。相反，在与疾病的抗争中，为了抵御病变它们往往要比正常的器官机能强。

最早的发现是从一个肾病患者的遗体中发现的。当他从死者的体内取出那只患病的肾时，他发现那只肾要比正常的大。当他再去分析另外一只肾时，他发现另外一只肾也大得超乎寻常。在多年的医学解剖过程中，他不断发现，包括心脏、肺等几乎所有人体器官都存在着类似的情况。

他为此撰写了一篇颇具影响的论文。他认为患病器官因为和病毒作斗争而使器官的功能不断增强。假如有两只相同的器官，当其中一只器官死亡后，另一只器官就会努力承担起全部的责任，从而使健全的器官变得强壮起来。

他在给美术学院的学生治病时又发现了一个奇怪现象，这些搞艺术的学生的视力大不如其他行业的人，有的甚至还是色盲。阿费烈德便觉得这就是病理现象在社会现实中的重复，他把自己的思维触角延伸到更为广泛的层面。

在对艺术院校教授的调研过程中，结果与他的预测完全相同。一些颇有成就的教授之所以走上艺术道路，原来大都是受了生理缺陷的影响，缺陷不是阻止了他们，相反促进他们走上艺术道路。

阿费烈德将这种现象称为"跨栏定律"，即个人的成就大小往往取决于他们所遇到的困难的程度。作为家长，我们看到这里是不是心生怀疑，怎么坏了的东西反而更强大？不过请相信，这是科学研究所得的结论。困难是上天给的礼物，我们作为父母，何不放开庇护，让孩子接受暴风雨的洗

礼呢?

可是在现实生活中,情况并不容乐观。由于种种原因,很多父母并不能放开保护孩子的双手,过多地干涉着孩子的生活。孩子小时候,不让孩子受到一点碰撞;长大点,父母还是为孩子操碎了心,什么事情都由父母来承担。

其实,这样做并不是好事。从表面上看,我们是爱孩子的,可是认真地说这是好心办坏事,变相地害孩子。因为在生活中,磕磕碰碰的事情并不少,孩子们需要学会去适度地尝试,去忍受生活中的伤痛。一个磕伤的膝盖可以痊愈,但是受到伤害的勇气却很难重新得到。父母应该懂得自己对孩子的过分保护将使得孩子害怕所有的事情,认为自己缺乏能力。

孩子需要一定的空间去成长,去试验自己的能力,去学会如何对付危险的局势。不要为孩子做任何他自己可以做的事。如果我们过多地做了,就剥夺了孩子发展自己能力的机会,也剥夺了他的自主和自信心。

做父母的常常是在自己狭小的视野中,在自己的羽翼下哺育着下一代。而家庭教育的真正意义在于:当父母不在身边的时候,孩子可以自食其力地生存下去。即使孩子离开父母的帮助,自己也可以开创多姿多彩的未来。

无论在多么恶劣的环境下,无论面临多少挫折——公司查封、工厂倒闭、下岗、失业、被炒鱿鱼——都能够不屈不挠地生存下去,这才是教育的目的。教育家苏霍姆林斯基曾说过:"让孩子动手,亲自参加实践,吃点苦,受点累,不但可以探究知识奥秘,培养创造能力,而且有利于坚强意志和吃苦耐劳精神的形成。"

然而现实生活中,父母们的所作所为很令人深思:

孩子打破了别人东西,父母却要利用自己的职务之便,打个招呼,不用赔偿了。省钱了,孩子却丢掉了责任感!

孩子偷了东西,父母暗示孩子去撒谎,因为家丑不可外扬。面子是保住了,偷的行为却得到了支持,撒谎也被进一步地强化!

孩子打了同学后,父母却蛮不讲理,恐吓对方。孩子面前充当了强者,却也教会了孩子霸道!

　　其实，肥沃和贫瘠都可以孕育生命，但肥沃孕育的生命娇柔与脆弱，缺乏那种不屈不挠；而贫瘠中所孕育的生命坚韧且有毅力。即使生命有适合的土壤，也不能给它过分的温暖，经风雨涤荡、历艰苦劫难才是对生命的最爱。即使生长在最不适宜的地方，只要它拼命向下扎根，拼命吮吸大地母亲的乳汁，终有一天会顶天立地、傲视苍穹。

　　作为父母，我们是孩子的第一任老师，我们最终是要让孩子独立面对风雨，让孩子告别弱者的角色，这就需要让孩子离开我们的庇护。只有把机会留给孩子，才能把成功留给孩子！走进华尔街的道路绝对不是一帆风顺的，它需要孩子能够自己承担风险，没有人会为孩子的失误埋单。

试着给孩子增加一些"考验"

看过这么一则故事：约翰家住在法兰克福"富人区"，家境很好。他有两个孩子，11岁的乔治和9岁的凯斯。对公益事业慷慨解囊的约翰夫妇，对孩子却十分"小气"。孩子的零用钱每月才30欧元，而且要帮家里干活才能得到。乔治负责为花园植物浇水、翻土及擦洗汽车；凯斯则帮助父母洗餐具、收拾房间、去商店购物和擦洗全家人的鞋子。到了暑假，两个孩子还骑着自行车，顶着炎炎烈日，挨家挨户送报，赚取买书籍、玩具的费用。

如此"残忍"对待自己的孩子，大多数人看了可能很难理解，但约翰夫妇认为："孩子总有一天要去更广阔的天地闯荡。为了他们将来能应对挫折，一定要培养他们战胜困难的能力。"

美国南部一些州立中学，为培养学生适应社会生存的能力，特别规定：学生必须不带分文，独立谋生一周才能毕业。美国中学生的口号是："要花钱，自己挣！"不管家里多么富有，孩子一般12岁以后就得给家里做家务，如剪草、送报等。当然，家长也要相应付给自家的孩子"劳务报酬"，体现按劳取酬。

德国家长从不包办代替孩子的事情。法律规定，孩子到14岁就要在家里承担一些义务，比如要替全家人擦皮鞋、洗衣服等。这样做，不仅是为了培养孩子的劳动能力，也有利于培养孩子的社会责任感。

瑞士家长为了避免孩子成为无能之辈，相当重视从小培养孩子自食其

力的能力。比如，女孩子初中一毕业，就被安排别人家里去当一年的女佣，上午劳动，下午上学。

日本教育孩子有句名言：除了阳光和空气是大自然的赐予，其他一切就要通过劳动获得。许多日本学生在课余时间，都要去外面参加劳动挣钱。孩子很小的时候，日本家长就给他们灌输一种思想："不给别人添麻烦。"全家外出旅行，很小的孩子也无一例外地背着一个小背包。对此，家长的解释是：自己的东西必须自己背。

经常在拥挤的公共汽车上看到这样的情景：70多岁的老太太吃力地抓着扶栏摇摇晃晃地站着，而她身边坐着的是一位十一二岁的少年，正津津有味地嚼着口香糖。乘务员对那少年说："同学，把座位让给老人坐，好吗？"少年还没来得及回答，老太太就已经抢着说："没关系，让他坐着，我是他姥姥。"

不同的教育理念，有不同的结果。事实已经把差距摆在了我们面前。父母要改变自己的教育理念，给孩子设置点"困境"，这对孩子有好处。如果孩子平时走惯平坦路、听惯顺耳话、做惯顺心事，那么一旦他们遇到困难，就会情绪紧张，极容易导致不战自败。所以父母在平时要有意识地给孩子设置些障碍，让他们经受磨炼。

但是有的父母可能会说，现在的条件好了，孩子哪有可能经历那么多磨难呢？物质上相对有充分的保障，吃住不愁，学费不愁；精神上有丰富的资源，特别是适合孩子的文化资源特别充足；日常生活中也没有什么必须卖苦力的地方。

其实不然，身居城市一样有"磨难"机会，处处留心皆"磨难"。孩子摔到，自己爬起来，父母爷爷奶奶不相扶；小朋友闹矛盾，自己解决，而不是单纯地讲道理，更不能让长辈出手相助；学习困难不轻易请教他人，自己尽力寻找答案；不合理物质要求坚决不允诺，孩子得做一个"清贫者""自立者"。

凡是相应年龄段可以做的事情，家长都要让孩子独立完成；凡是可以克服困难完成的事，都让孩子努力解决；凡是不应当有的奢侈，不因为孩

子之间的攀比而予以满足。

给孩子设置障碍，培养孩子的耐挫力，当然不是要孩子一味接受挫折教育，这样会导致孩子"斜视"世界，对一切缺乏信心，甚至产生悲观失望的心理。我们既要让孩子有成功的快乐体验，也要结合所遇的挫折与困难进行教育，两者有机结合，才能真正培养起孩子良好的耐挫力与正确对待一切事物的态度，品味挫折带来的人生感悟，并且抬起头，一次又一次地对自己说："我不是失败了，而是获得一次经验。我相信，我能行！"让孩子深刻体会到"吃得苦中苦，方知甜中甜"的道理。

人的一生不可能不遇到困难和挫折，所以，父母非但不应一味地包办代替，不能让孩子习惯于靠撒娇、索要或哀求等手段达到目的。还要人为地给孩子的成长道路上设置一些"路障"，鼓励他们想方设法独立去解决。

鼓励孩子"合理"的冒险行为

研究人员曾做过这样一个实验：有 4 只猴子被关在一个密闭的房间里，每天只能吃很少的食物，猴子饿得吱吱叫。数天后，有人在房间上面的益儿乐小洞里放了一串香蕉，一只饿得头昏眼花的大猴子一个箭步冲向前，可是当它还没拿到香蕉时，就被预设机关泼出的热水烫得全身是伤。大猴子没有吃到香蕉，回来了。

后面 3 只猴子仍依次爬上去拿香蕉，同样被热水烫伤。于是猴子们只好望"蕉"兴叹。

又过了几天，进来一只新猴子。当新猴子肚子饿得也想尝试爬上去吃香蕉时，立刻被其他 3 只猴子制止，并告诉它危险，千万不可尝试。

实验员又再放进一只猴子，当这只猴子想吃香蕉时，所有的猴子仍然像上次那样，上来加以阻止。

当把所有的猴子换过一遍后，仍没有一只猴子敢上去碰香蕉。

后来，实验人员把热水机关取消了，但猴子们对唾手可得的盘中餐——香蕉，仍惧而远之，谁也不敢前去享用。

约翰·皮尔庞特·摩根大学毕业后在邓肯商行任职，他特有的素质与生活的磨炼，使他在邓肯商行干得非常出色。但他过人的胆量与冒险精神，也经常让总裁邓肯提心吊胆。

一次，摩根在从巴黎到纽约的商业旅途中，一个陌生人敲开他的房门："听说，您是专搞商品批发的，是吗？"

"有何贵干?"摩根感觉到对方焦急的心情。

"啊!先生,我有件事有求于您。我这里有一批咖啡需要立刻处理掉,这些咖啡原是一个咖啡商的,现在他破产了,无法偿付我的运费,便把这批咖啡作抵押。"

"我买下。"摩根瞥了一眼样品,答道。

"摩根先生,您太年轻了,谁能保证这批咖啡的质量都与样品一样呢?"他的同伴见摩根仅看了样品的质量就要轻率买下这批咖啡,便在一旁提醒道。

当邓肯听到这个消息,不禁吓出一身冷汗:"这混蛋,拿邓肯公司开玩笑吗?"他严厉指责摩根:"去,去,把交易给我退掉,损失你自己赔偿!"面对粗暴的邓肯,摩根像一头被激怒的斗牛:"我就买下了,而且还要买下其他的咖啡!"

摩根决心赌一场。他写信给父亲,请求父亲助他一臂之力。望子成龙的父亲默许了。

在摩根买下这批咖啡后不久,巴西咖啡遭到霜灾,大幅度减产,因此咖啡价格上涨了两三倍,摩根旗开得胜。这时,邓肯也不得不对他表示赞叹。

勇敢是和冒险紧密相连的。要具备勇敢精神,就要善于冒险、敢于冒险,敢于搏击新领域,敢于领风气之先。只有在不断的冒险中,我们才能获得像金子一样宝贵的优良品质——勇敢。据统计,美国华尔街证券交易所中最好的经纪人,往往不是学金融毕业的,而是那些曾经做过运动员的人。

事实上,无论是创业还是创新,首先必须具备的就是勇敢的冒险精神。在我们身边,许多富有人士并不一定比你会做,关键是他比你敢做。

现实社会中,当孩子在探索一些陌生的事物,特别是接触一些看上去有些危险的事情时,父母们常常面带恐惧地告诉孩子:那里不能去,太危险了;这个地方不能呆,有危险……于是孩子们对于一些新鲜的事物,往往不敢尝试,孩子的"冒险"精神就被吓跑了。探索未知事物就有可能存

在着险情，但是不能因为有这种可能的险情，而禁止孩子"冒险"。如此畏首畏脚的话，你的孩子就不可能成为有创造性的人，而一个没有创造性的人又怎能走进华尔街呢？

对孩子的冒险行为，大多数父母都是阻止的。但聪明的父母却相反。他们认为，在孩子小的时候应该鼓励他们去冒险，这样有利于孩子的成长。如果孩子通过冒险而取得成功，这会使孩子对自己的能力产生自信；如果失败了，孩子还能从中学会如何面对失败，应对挫折。

孩子来到这个世界上，对自己及周围的环境是不了解的，他们只有通过各种活动，不断积累各种成功或失败的体验，才能对自己的能力有所认识。

孩子总喜欢跃跃欲试，做点超过自己能力的事情。脚还够不着自行车蹬子，就想去骑车；从来没有下过水，就跳到水中去游戏，做父母的该怎样对待他们呢？

不要轻率地否认孩子想要试一试自己能力的举动，你把判断强加给孩子，就会挫伤他们的自信心，这等于是给孩子的成长泼冷水。

一位儿童文学家说："人应该有探索，有追求。而这些都要从培养孩子的独立性和主动性做起。"孩子本来是无所畏惧的，他们喜欢冒险，积极探索的精神和自信心就是从这里产生的。

需要指出的是，我们这里所讲的冒险是指冒"合理的风险"，而不是一种"蛮勇"。什么是合理的风险呢？当可能的收益大于可能的损失时，这种风险就是合理的风险。

引导孩子以积极心态面对挫折

有头老驴不小心掉到了一口枯井里，驴的主人慌忙找来村里人营救。村民们看了看这深不可测的枯井，议论纷纷。有的说："这井得多深啊！我不敢下去。"有人说："说不定这枯井还有毒蛇的巢穴呢。"还有人说："就算扔下绳子驴也不可能自己抓住让我们扯上来啊。"大家一看全无办法，就没有人愿意帮助驴的主人，各自回家了。

驴的主人心想：大家说的有道理，如果这口井里面有毒蛇的话，为了救这么一头老驴，可就不划算了。于是驴的主人也放弃了救这头老驴的打算。

这头老驴刚开始也很失望很生气。它怨恨自己的主人没有良心，心想自己为主人出了一辈子的力，又是拉货，又是耕地，到头来死了竟然没有一个好的葬身之地；它怨恨那些村民，下面明明没有毒蛇，却不愿意来救它，而且还每天都往枯井里面倒垃圾。

但是慢慢地，它发现失望和抱怨并不能解决问题，于是决定改变自己的想法。它每天在垃圾里面捡些残羹剩饭吃以维持生命。同时，村民每次倒垃圾时都会有很多倒在老驴身上，于是老驴就把身上的垃圾抖落到脚底。慢慢地，脚下的垃圾越填越高，老驴也离井口越来越近。最后老驴竟然自己救了自己，成功地走出了枯井。

如果老驴只是成天坐在枯井里面怨天尤人，而不是懂得利用垃圾来维持自己的生命，并最终将这些垃圾转变为自身逃离枯井的救命之物的话，

它很有可能就会死在井中了。

现实中有太多的不如意，因此就算生活给我们的是垃圾，我们同样也要做到把垃圾踩在脚底下，帮助我们登上世界之巅。

一位快乐的农夫买下一片农场时，却觉得非常沮丧。因为那块地既不能种水果，也不能养猪，能生存的只有白杨树及响尾蛇。但他没有垂头丧气，抱怨上天不公，而是动脑筋想办法。他想到了一个好主意，就是利用那些响尾蛇。他的做法使每一个人都很吃惊，他开始做响尾蛇肉罐头。不久，他的生意就做得非常大了。这个村子现在已改名为响尾蛇村，就是为了纪念这位勇敢面对困难的农夫的。

那些不抱怨、乐观的人们，总是表现出一份超然。生活需要的信心、勇气和信仰，他们都具备。

有一个我们很熟悉的故事，卡莱尔在写作《法国革命史》时的不幸遭遇。他经过多年艰苦劳动完成了全部文稿，并把手稿交给最可靠的朋友米尔，希望得到一些中肯的意见。米尔在家里看稿子，中途有事离开，顺手把它放在了地板上。谁也没想到女仆把这些文稿当成废纸，用来生火了。

这部呕心沥血的作品，在即将交付印刷厂之前，几乎全部变成了灰烬。

卡莱尔听说后异常沮丧，因为他根本没留底稿，连笔记和草稿都被他扔掉了，这几乎是一个毁灭性的打击。

但他没有绝望，抱怨也没有一句。他说："就当我把作业交给老师，老师让我重做，让我做得更好。"

然后他重新查资料、记笔记，把这个庞大的作业又做了一遍。

惠普前任女掌门卡莉·菲奥里纳曾是男性主导的硅谷中最亮丽的一道风景。精明强干、坚韧不拔的卡莉曾两度荣登《财富》"最有权威的女企业家"榜首，吸引了全世界的目光。卡莉从小就受母亲影响，从母亲那里学到了坚强、博学和热爱生活，并受益一生。

卡莉出生于美国得州一个带有欧洲血统的家庭。父亲是联邦法院的法官，母亲则是一位艺术家。在童年的卡莉心中，母亲一直是她最崇敬的人。母亲热爱生活，教卡莉做人的道理，使卡莉的潜能得到最大的发挥。卡莉

童年时代随父母游历了不少国家，不仅开拓了眼界，更培养了思考问题的广度和深度，这对她成为一个有勇气、有魄力、自信并热爱生活的人不无影响。

裔锦声是华盛顿大学比较文学博士，进入华尔街已经 10 年。小时薪金为 600 美元的裔锦声，是排名全美前三名的咨询公司首位亚裔及女性副总裁。

裔锦声说，不只是莫斯科的女人不相信眼泪，想在任何一个领域任何一个地区出类拔萃，都只有擦干眼泪，迎着困难上。

对于一个真正的强者来说，失败仅仅是一个小小的插曲，是一点小麻烦。事情已经发生了，既然哭泣没有用，又何必再浪费时间让自己心情更糟呢。即使失去了其他任何东西，也不要失掉勇气、毅力和尊严。这是无价之宝，需要你竭尽全力去保持。

只要心态好，一切都是好的。只要你有勇于面对坎坷人生的信心，就永远都有乐观积极的心态。而态度决定一切。不管处于什么样的境地，一个真正坚强的人都能够淡然处之，从容应对，镇定自若。

挫折并不因为我们的孩子小而不去"骚扰"他，我们的孩子同样会在学习、兴趣爱好的选择、自尊和人际关系等方面遭受挫折。如：在学习方面，学习成绩达不到理想的目标，没能上理想的学校；在兴趣和爱好的选择方面，自己的兴趣和爱好得不到支持，无机会显示自己的才华和个性；在自尊方面，自己常常得不到老师和同学的信任，经常受到轻视和忍受委屈，没有被评上"三好生"，没有被选上班干部；在人际关系方面，结交不到与自己讲知心话的朋友等。孩子遇到挫折并非坏事，但如果陷于挫折却不能自拔，势必对孩子的身心健康造成消极影响，如使孩子丧失自信心、焦虑、自卑等。

尽管如此，父母要提醒孩子，在困难面前笑比哭好，哭只能让自己陷入痛苦中不能自拔，而笑却能让自己尽快逃离阴暗，理清思路，找到困难的症结，从而有所突破。

鼓励孩子在跌倒处重新爬起

　　从前有个悲惨的少年，他 10 岁时母亲因病去世。由于父亲是个长途汽车司机，经常不在家，也无法提供少年正常的生活所需，因此，少年自从父母亲过世后，就必须自己学会洗衣、做饭，照顾自己。然而，老天爷并没有因此而特别关照他，当他 17 岁时，父亲在工作中不幸因车祸丧生，从此少年再也没有亲人了，也没有人能够依靠了。只是，噩梦还没有结束，少年在走出悲伤，开始独立养活自己时，却在一次工程事故中，失去了左腿。然而，一连串的意外与不幸，反而让少年养成了坚强的性格。他独自面对随之而来的生活不便，也学会了拐杖的使用，即使不小心跌倒，他也不愿请求别人伸手帮忙。最后，他将所有的积蓄算了算，正好足够开个养殖场，但老天爷似乎真的存心与他过不去，一场突如其来的洪水，将他最后的希望都夺走了。

　　少年终于忍无可忍了，气愤地来到神殿前，怒气冲天地责问上帝："你为什么对我这样不公平？"上帝听到责骂，现身后满脸平静地反问："喔，哪里不公平呢？"

　　少年将他的不幸一五一十地说给上帝听。上帝听了少年的遭遇后说："原来是这样，你的确很凄惨。那么，你干吗要活下去呢？"

　　少年听到上帝这么嘲笑他，气得颤抖地说："我不会死的，我经历了这么多不幸的事，已经没有什么能让我感到害怕，总有一天我会靠我自己的力量，创造自己的幸福。"

上帝这时转身朝向别一个方向，并温和地说："你看，这个人生前比你幸运得多，他可以说是一路顺风地走到生命的终点。不过，他最后一次的遭遇却和你一样，在那场洪水里，他失去了所有的财富。不同的是，他之后便绝望地选择了自杀，而你却坚强地活了下来。"

看来，困境并不是那么让人讨厌，这取决于人们怎样去看待，怎样去做。如果我们在困难面前趴下了，那我们将永远无法再站立起来，如果我们跌倒了又爬起来，那么等待我们的将是不同凡响的经历和人生。

在一个人的人生道路中，哪能永远平坦无阻，一帆风顺呢？生活中大大小小的逆境，都是磨炼孩子毅力和意志的运动场，是成长的催化剂。挫折和失败是每个人成长必然经历的内容，不必抱怨，也无须逃避。

失败与成功就像孩子学溜冰。如何才能学会溜冰呢？就这个问题，有人问一个孩子是怎样学会溜冰的。那孩子说："哦，跌倒了爬起来，爬起来再跌倒，再爬起来，就学会了。"

孩子的回答很轻松，他不知道自己正是在不断战胜失败的基础上尝到成功的果实的。可有时候，孩子在经历失败的时候，他的心敏感而脆弱。他灰心丧气，他自卑无助，以至于在跌倒的地方再也爬不起来。

当孩子遭遇困境的时候，作为父母，你要告诉孩子方法远比困难多。人的大脑具有不可思议的灵性，当你不怕困难，想要有办法时，大脑会一直在工作，帮你找出解决问题的方法。

英国有句谚语，是说上帝每制造一个困难，就会同时制造三个解决它的方法来。所以，你可以跟孩子说，世上只要有困难，就会有解决的方法。而且"方法总比困难多"，只是你暂时没有找到合适的方法而已。

野牛群突然遭到豹子的袭击，许多野牛只顾拼命逃跑，但很快被豹子追上了，成了豹子的食物。就在这时，一头被豹子追杀的小野牛突然回过头来，狠狠地用角攻击豹子，豹子被它顶死了，别的豹子也被吓跑了，野牛群获得了新生。

野牛是动物中身强力壮却又胆小的群体，在天敌的面前，它们唯一的选择就是逃跑。无论前面是沼泽、丛林、大山还是悬崖，都一个劲地往前

冲，而且是跑直线，这样往往更容易被天敌捉住。一旦被捉住，只有任其猎杀。但这头不懂事的小野牛却敢于回头搏斗，这下子救了自己，也救了同伴。

困难像弹簧，也像故事中的豹子。你弱它就强，你强它就弱，只要勇敢地去面对，困难不一定是想象中那样难以攻克。掉过头，冲过去，就是我们克服困难的办法。

当孩子遇到问题和困难的时候，家长要鼓励孩子主动去找方法解决，而不是找借口逃避。把找借口和恐惧的时间、精力拿来想办法，就一定能想出好主意。

在新墨西哥州的高原地区，有一位靠种植苹果谋生致富的园主。这年夏天，一场冰雹把已长得七八成熟的苹果打得遍体鳞伤、坑坑洼洼，令丰收在望的园主大惊失色，心痛不已。园主不甘心就这样失去一年的收成，他冥思苦想，怎么才能把这些伤痕累累的苹果名正言顺地推销出去。

大约又过了一个月的时间，这些苹果的"伤口"渐渐愈合，也都成熟了，但变得面目全非，一个个像雕琢过的"工艺品"。园主随手摘下一个长疤的苹果一尝，地意外地发现这些被冰雹打过的苹果反而变得清脆异常、酸甜可口。这时，园主的心情一下子变得豁然开朗，胸有成竹。他决心换个说法和卖法。

他在发给每一个客户的订单上清楚无误地写道："今年的苹果终于有了高原地区的特有标志——冰雹打击过的明显痕迹。这些苹果不光从外表上，而且从口味上更加体现了高原苹果的独特风味，实属难得的佳品。数量有限，欲购从速……"

于是，人们纷纷前来欣赏和品尝这种具有"高原特征"的苹果，苹果很快销售一空。

当孩子遭遇挫折无精打采的时候，作为父母，你要告诉孩子上面这个故事，让孩子学学种植园主面对困难的方法。任何困难都有其解决的方法，成败只在一念之间。倒下，就失败；起来，就成功。

让孩子拥有一颗勇敢的心

2005 年，百度人经历了人生里最激动人心的时刻——在纳斯达克指数的显示屏上，他们持有的百度原始股，涨幅达到了疯狂的 353.85%，魔术般地成为每股 122.54 美元，一夜之间产生了 9 位亿万富翁、30 位千万富翁和 400 位百万富翁，创造了 21 世纪的财富神话，全世界为之震惊。在曼哈顿举行的大型庆祝晚会上，当无数闪光灯和话筒对准财富英雄李彦宏时，李彦宏举起酒杯，深情地说："百度精神里有一种叫做勇气，我的妻子马东敏博士，则是这勇气的来源。她总能在关键时刻，冷静地提出最勇敢的建议。而事实证明，她的那些充满东方智慧的建议，将我引上了正确的道路。其实，我本质上并不是一个喜欢冒险开拓的人，而我的妻子是。在百度的冒险创业历程中，每一步都是她推着我向前走的。"

看到这，我们也许羡慕这对勇敢的夫妻，但是作为父母，我们必须关注李彦宏这句话中的重要信息——勇气。是的，勇气是使人走向成功的助推器，尤其是从零开始的时候。有太多人因为不敢迈出第一步，而遗憾地成为一个碌碌无为的人。

十大华裔杰出青年评选由多伦多加拿大华人青年联合总会主办，承昊阳是渥太华区两名获奖者之一。

承昊阳是一名成功的企业家。他白手起家，在唐人街开设普林特计算机公司，营业 13 年来业绩显著，成为当地华人企业典范。2004 年，承昊阳当选渥太华企业家协会主席。

承昊阳出生在中国哈尔滨，14岁时，他和妹妹随父亲到了美国加州，两年后，他独自来到渥太华上高中。尽管生活不易，有时要靠打工挣钱，但他仍考取了卡尔顿大学计算机专业。

大学毕业后，承昊阳和人合伙开设了斯普林特计算机公司。他们信守的原则是"诚信加广告"。果然，当他们把一半的资金用于广告，并坚持诚信对待客户后，半年便收回了成本。两年后，承昊阳买下合伙人的股份，开始独资经营。公司发展顺利，店面搬迁扩大，与商家动辄签订百万元的项目合约。初具规模的"唐人街计算机公司"得到客户的好评，华人社区报纸多次进行专访和报道，公司名气越来越大。

在总结自己的成功经验时，承昊阳说："有些事情一定要走出勇敢的第一步，才有成功的可能。"当我们遭遇困境的时候，勇气是我们克服困难的信心，勇气是我们面对困难的坚定。而当我们在开创性地做一件事情的时候，勇气就是我们迈向成功的第一步，勇气就是成功的敲门砖。

《探险家迪亚士传》一书中有一段少年迪亚士与老师齐美南斯的对话：

迪亚士问道："老师，航海与探险最主要靠的是什么？是金钱吗？"

齐美南斯摇了摇头说："不是。"

"是靠体力吗？"

"不！"齐美南斯坚定地说。

"那么，一定是靠聪明？"

"不！"

"我知道了，肯定是靠运气！"

"更不是！"老师的语气更加坚定地说。

迪亚士又想了想，实在找不出更好的答案，只好无可奈何地问："那是靠什么呢？"

齐美南斯握紧拳头猛然一挥，斩钉截铁地说："靠勇敢！第一就是要勇敢！只有敢于朝前迈步的人，他的脚才能踢开智慧之门，踢开成功之门！"

老师的话犹如一盏永不熄灭的明灯，给了迪亚士的内心不可战胜的力量和信心，也给了他不可遏止的积极进取的动力……

1486年，迪亚士率探险船队，决心开劈出一条打通大西洋与印度洋的航道。当时传说非洲是不可超越的大陆，非洲的南边是大地的边缘，如若一味向前的话，就会连人带船一齐掉进一个无底的洞中。这一传说，让多少代人都不敢有继续向前的想法。但是，迪亚士却不相信这一说法，他说："既使是无底洞，我也要向前！"所以，当船队来到非洲的最南端时，他们看到了一个黑乎乎的角一样的东西，然而，由于风暴太大，他们简直就像航行在地狱里一般，所有的探险队员甚至害怕到拒绝执行迪亚士让船队靠上角去的命令。最后，迪亚士亲自驾船，然而，终因风浪太大没能登上岸。可是，当他们在风浪中绕过这个角的时候，却看到了一望无际的印度洋。

迪亚士用自己的勇敢，证明了传说的荒诞不稽。他也因自己的勇敢，成为世界上第一个发现非洲"风暴角"——好望角的人。

作为父母，我们并不想让孩子成为碌碌无为的人，我们想让孩子的生活光鲜、富有，想让孩子像那些华尔街精英们一样有明星的璀璨。这些都需要培养孩子的勇敢品质。任何一个行业都是有风险的，尤其是金融业。在充满风险的领域，没有勇气是无法取得成功的。

赞美孩子，激发孩子的自信心

　　俄国著名戏剧家斯坦尼斯拉夫斯基的姐姐是一位普通的服装道具管理员，一次偶然的机会使她这位原本自卑的普通人变得光鲜亮丽起来。这是为什么呢？

　　有一次斯坦尼斯拉夫斯基在排演一出话剧的时候，女主角突然因故不能演出了，他实在找不到人，只好让自己的姐姐担任这个角色。他的姐姐从服装道具管理员突然出演主角，跨度很大，而且一直以来她都觉得自己就是剧团里一个可有可无的人，那些演员才是真正的天才和剧团的主人。结果可想而知，她演得极差，原本就遭遇了不顺的斯坦尼夫斯基更加的郁闷和烦躁。

　　有一天，当大家都在辛辛苦苦排练的时候，斯坦尼斯拉夫斯基觉得还是有很多的不满意，于是生气地命令停止拍摄。他严肃地说："这场戏是全剧的关键；如果女主角仍然演得这样差劲儿，整个戏就不能再往下排了！"这时全场寂然，他的姐姐久久没有说话。显然，问题在于她。突然，她抬起头来说："排练！"一扫以前的自卑、羞怯和拘谨，演得非常自信，非常真实。这场关键的戏就这样顺利过关，导演弟弟也不无感慨地说："表演艺术家就是这样练成的。"

　　这是一个发人深省的故事，一个人从暗淡无光到光芒四射，决定权竟然完全在自己的手中。当斯坦尼斯拉夫斯基的姐姐心中充满无限自卑的情绪时，思路及表演都会受到限制，难免会畏手畏脚。但当她接到弟弟的

"最后通牒"时，开始放开手脚，按照自己的意图行事，这就是自信的开始。自信给予了她无限的力量。

因为有自信，斯坦尼斯拉夫斯基的姐姐才会勇敢地抬起头来继续排练，并终于取得了成功。著名发明家爱迪生曾说："自信是成功的第一秘诀。"阿基米德、居里夫人、伽利略、张衡、竺可桢等古今中外广为人知的科学家，他们之所以能取得成功，首先因为有远大的志向和非凡和自信力。

我们的孩子的任何成功都离不开自信，而自信心如何获得呢？要想让孩子有自信，父母要知道，称赞多一句，信心高一阶。

有一个落魄的青年流浪到了巴黎，他期望父亲的朋友查尔斯叔叔能帮助自己找一份谋生的差事。

"数学精通吗？"查尔斯问。青年羞涩地摇头。

"历史地理怎么样？"青年还是不好意思地摇头。

"那法律怎么样？"青年窘困地垂下头。

查尔斯接连地发问，青年都只能以摇头告诉对方——自己似乎没有任何长处，连丝毫的优点也找不到。

"那你先把自己的住址写下来，我总得帮你找一份事做。"查尔斯最后说。

青年羞涩地写下自己的名字和住址，转身要走，却被查尔斯一把拉住了："你的名字写得很漂亮嘛，这就是你的优点啊！"

把名字写好也算一个优点？青年在对方眼里看到了肯定的答案。

"我能把名字写得叫人称赞，那我就能把字写漂亮，能把字写漂亮，我就能把文章写得好看……"受到鼓励的青年，一点点地放大自己的优点，他脚步立刻轻松自信起来。

数年后，青年果然写出享誉世界的经典作品《三剑客》《基度山伯爵》等。这个年轻人就是家喻户晓的 18 世纪法国著名作家大仲马。

看来，称赞对一个人成功所起到的作用无可置疑。查尔斯的称赞使原本"一无是处"的大仲马坚强地面对自己窘迫的生活，找回了自信，最后成了著名的作家。作为父母，我们要像查尔斯一样，时刻赞美自己孩子的

点滴进步，哪怕他的缺点大于优点。那么，我们的孩子也会像大仲马一样成功，或者更成功。

当然，父母们也要清楚，称赞，就像青霉素一样，绝不能随意用药。使用强效药都有一定的标准，需要谨慎小心，标准包括时间和剂量，需要谨慎小心是因为用药不当可能会引起过敏反应及其他不良反应。对于精神"药物"的施用也有同样的规则，而最重要的一条规则就是：多夸奖孩子的努力和成就，不要过分夸奖他们的品性和人格。

称赞孩子要把握时机，最好是能够在当下给予回馈，如果错过时机，效果可能就没有那么直接。例如：孩子玩耍时，不小心踩到别人的脚，他立刻向对方道歉，并且很关心地问对方有没有事。父母看到这样的情形，应该马上就称赞。

有人说："如果儿童生活在鼓励的环境中，他就会增强自信；如果儿童生活在赞扬的环境中，他就学会了自爱。"戴尔·卡耐基也说："对孩子们来说，父母的注意和赞赏是最令他们高兴的。"作为父母，要给孩子自信和肯定，使孩子的脸上都洋溢着自信与活力，让他们在知识的海洋中尽情地遨游，让他们在阳光下快乐地成长。赞扬可以增强孩子的自信，他们会因此而变得越来越优秀。父母试着去多多赞扬你的孩子吧！

第三章

孩子的人生由他自己做主

独立自主是健康人格的重要特征之一，它对人的生活、学习质量以及成年后事业的成功和家庭的美满都具有非常重要的影响力。华尔街精英从不会做别人的寄生虫，他们的成功完全是靠个人努力而获得的。

不过，父母应该注意，独立自主性的培养是一个长期的过程，需要循序渐进地进行。父母切不可急于求成，对孩子的发展提出过高的、不合理的要求；也不能因为孩子一时没有达到要求，就横加斥责。

华尔街只向用自己脚走路的人敞开

一位华尔街精英人士说：我常常是独立交易，而且要通过选择。从我早年在纽约美林证券公司做客户经理开始我就懂得了独立操作的种种好处。我所学到的是如下内容，不管别人的意见如何，他们的已有专业技巧如何，去和他人共享交易策略和市场观点是很没有意义的。整个华尔街的真理是"知者不言，言者不知"。

我们应该明白，任何想依靠别人成功的人都不会得逞，只有自身的强大才是成功的根本。培养孩子的独立性，使其树立起为理想而奋斗的精神，这也是富豪们家教方略的主要方面。当我们听说美国洛杉矶拥有 5000 万美元资产的富翁艾荣强迫自己的儿子过流浪汉生活，也许会觉得不可思议。事实上，在许多国家里，孩子自小便被灌输独立意识，稍大些便离开父母，靠自己的劳动创造世界。许多富豪对自己子女的要求也不例外。

美国旅馆业巨子约纳森的儿子自小不依赖父母的财势，独立性强，且有自尊心。他提出想在旅馆业外自闯一番事业，得到父亲的鼓励。大学毕业后，他成为波士顿电视台的摄影记者，并很快提升为制作人，还获得艾美奖提名。独立地拼搏，使他尝到了生活的苦辣酸甜，丰富了人生阅历，实现了自己的人生价值。

香港巨富李嘉诚在他的两个小儿子泽钜和泽楷读完中学后便送往美国留学。李嘉诚如是说："作为父母，让孩子们十五六岁就远离家乡、远离亲人，当然有些于心不忍，但是为了他们的将来，就是再不忍心也要忍。"李

嘉诚此举一是让孩子们锻炼独立生活的本领；二是为他们的将来积累更多的学识和经验。因为他知道，自小到大处处依赖父母的孩子将来是很难有所作为的。

另一位台湾富豪王永庆更是让自己的儿子王文洋 13 岁时便以平民的身份出国留学。待他以优异的成绩学成归来后，仍让他和一般的新员工一样先实习一段时间再安排工作。这种独立拼搏的锻炼使王文洋获益匪浅。

我国的一些富豪也非常重视对孩子独立本领的培养。如钢铁大王马全胜在他的儿子 16 岁时便将他送到国外去学习，经过 5 年的独立学习和生活，儿子又回到父亲身边，成为马全胜的得力助手。

熟悉中国股市的人，很少有人没听过安妮这个名字。从股评家到投资家，安妮在十年间走出了一条属于自己的成功之路。而为人所不知的是，同时她也是一位与众不同的母亲。

安妮有一个独特的教育理念，她认为培养一个优秀的人的关键是注意培养他的性格，而并非培养他的学问。在培养性格时最重要的一点是培养孩子的独立性，也就是培养孩子的生存能力。

她常常对儿子这么说："学习是你自己的事，为什么要父母督促你呢？生存也是你自己的事，父母更是无法替代。今后你背叛父母都没关系，但是千万不能背叛自己。为自己负责是一个男人最起码的责任。"安妮和丈夫约法三章，让孩子从小就接受一种发达国家的开放式的教育，绝不像大多数的中国家长一样把孩子的一切全都包下来。

安妮的儿子薛非说："妈妈从小对我的教育主要是精神上的，其他方面她尽可能地让我独立，所以我现在出国后适应起来并不困难。"

作为父母，我们要向安妮学习，不要觉得孩子可怜。要知道，孩子小时候你处处帮助他，他不可怜，可等孩子大了，该独立的时候，他就可怜了。甚至会有更严重的情况发生，例如因为不能独立应变处理危急情况而失去生命。

18 岁的约翰·汤姆森是一位美国高中学生，住在北达科他州的一个农场。1992 年 1 月 11 日，他独自在父亲的农场里干活。当他在操作机器时，

不慎在冰上滑倒了，他的衣袖绊在机器里，两只手臂被机器切断。

汤姆森忍着剧痛跑了 400 米来到一座房子里。他用牙齿打开门栓。他爬到了电话机旁边，但是无法拨电话号码。于是，他用嘴咬住一支铅笔，一下一下地拨动，终于打通了他表兄的电话，他表兄马上通知了附近有关部门。

明尼阿波利斯州的一所医院为汤姆森进行了断肢再植手术。他住了一个半月的医院，便回到北达科他州自己的家里。如今，他已能微微抬起手臂，并已经回到学校上课了。他的全家和朋友都为他感到自豪。

家长看到这里，是不是还有点惊魂未定？我们除了佩服约翰·汤姆森的勇气和忍耐力外，更为他独立镇定处理意外事故的能力而鼓掌。他一个人在农场操作机器，出了事又顽强自救，所以他是好样的。作为父母，我们也一定会因为有个这样的孩子而自豪！

然而，现在我们的孩子生活条件优越，很少能像幼苗那样独立，自己经历风雨。这其中的原因固然有来自家庭的，父母剥夺了孩子独立成长的权利，但也有来自孩子自身方面的，依赖父母过多，自己的事情总是喜欢让父母帮忙处理。

独立自主是健康人格的重要特征之一。父母的目标是要让孩子成为一株迎风而立的大树，遇事知难而上，而不是经不起风吹雨打的小草，一场风雨便一蹶不振。为了达到这一目标，我们要让孩子在实际生活中得到锻炼，学会独立。

在这个竞争激烈、优胜劣汰的社会中，让孩子学会生存非常重要。如果孩子不具备生存的能力，就像深海里的鱼儿没有了背鳍，不会游泳；就像蓝天下的雄鹰折断了翅膀，不会飞翔。

让孩子独立思考，莫养思想"懒虫"

思考者，首先必须是一个独立的人，进而必须拥有独立思考的权利，才可以展开独立之思考。巴金曾经说过："有些人自己不习惯'独立思考'，也不习惯别人'独立思考'，他们把自己装在套子里。"

作为思考者的巴金，就是冲破"套子"的人，既冲破别人所设的诸多套子和禁忌，也冲破自己已有思想的樊篱。巴金在思考的过程中，愈加清晰地认识到独立思考之于人，就像面孔和空气之于人，既是维系一个人存在的精神基础，也是人之基本权利。这其中，支撑着思考者的，不是"勇气"和"良知"等易于被摧垮的道德评判，而是对人之生命的尊重。若无独立思考，人如何证明自己的存在，又如何成为人而异于鹦鹉或木偶？

因而，培养孩子独立思考的能力很重要。伟大的科学家爱因斯坦就非常重视培养青少年勤于思考的习惯。

爱因斯坦晚年住在美国普林顿一所简朴的木板房子里。邻居有个十一二岁的小女孩，放学后，时常来看望这位白发苍苍的科学家。爱因斯坦也喜欢经常检查她的作业。有一次，孩子拉着他的手亲昵地问："爱因斯坦爷爷，这道题怎么做？"爱因斯坦和蔼地说："孩子，要学会思考，不要一碰到困难就向别人伸手。"有时，爱因斯坦对小女孩稍加启发地说："我给你指个方向，不过，答案还得用你的头脑去找！"

原来，爱因斯坦自己在少年时候就是个爱思考问题的孩子。他在 14 岁时，就能够自学几何和微积分，在自学中一旦遇到困难，总是细心琢磨，

反复思考，直到实在算不出来时才向别人请教："给我指个方向吧！"但是不等人家开口，他就提出要求说："不要把答案全部告诉我，留着让我思考！"后来，他成为了一位杰出的科学家。当人们赞誉他对人类做出巨大贡献时，爱因斯坦笑着说："学习知识要善于思考，思考，再思考。我就是靠这个方法成为科学家的。"

培养孩子的独立思考能力是培养孩子独立性的一个重要方面。美国人就特别推崇孩子的独立思考能力。

在美国，黑人笑星比尔·考斯彼主持的《孩子说的出人意料的东西》很受大众欢迎。这个节目在让你捧腹的同时，也让你深思。

有一次，比尔问一个七八岁的女孩："你长大以后想当什么？"女孩很自信地答道："总统！"全场观众哗然。

比尔做了一个滑稽的吃惊状，然后问："那你说说看，为什么美国至今没有女总统？"女孩想都不用想就回答："因为男人不投她的票。"全场一片笑声。

比尔问："你肯定是因为男人不投她的票吗？"女孩不屑地回答："当然肯定！"

比尔意味深长地笑笑，对全场观众说："请投她票的男人举手！"伴随着笑声，有不少男人举手。比尔得意地说："你看，有不少男人投你的票呀！"女孩不为所动，淡淡地说："还不到三分之一！"

比尔做出不相信又不高兴的样子，对观众说道："请在场的所有男人把手举起来！"言下之意，不举手的就不是男人，哪个男人"敢"不举手？在哄堂大笑中，男人们的手一片林立。比尔故作严肃地说："请投她的票的男人仍然举手，不投的放下手。"比尔这一招厉害：在众目睽睽之下，要大男人们把已经举起的手再放下来，确实不太容易。这样一来，虽然仍有人放下手来，但"投"她的票的男人多了许多。

比尔得意洋洋地说道："怎么样，'总统女士'？这回可是有三分之二的男人投你的票啦。"沸腾的场面突然静了下来，人们要看这个女孩还能说什么？女孩露出了一丝与童稚不太相称的轻蔑的笑意："他们不诚实，他们心

里并不愿投我的票!"

许多人目瞪口呆。然后是一片掌声,一片惊叹……

这是典型的美式独立思考。独立思考意味着在思考某一问题时要具有新颖性、独创性和积极主动性。独立思考是科技发明、文学艺术创作的源泉。从小培养孩子独立思考的能力,不仅为他们今后的成才打好基础,也有利于他们当前的学习。

独立思考能力强的孩子往往具有较强的好奇心,父母应努力开掘和保护孩子的好奇心。千万不要因为孩子的提问过于荒诞而对他嘲笑或批评,以免伤害孩子的自尊心。孩子出于好奇拆弄玩坏了玩具、钟表等,父母不应予以惩罚和打骂,而应该引导孩子弄清楚这些器具的机械原理,想方设法创造条件满足孩子的好奇心。如父母可以为孩子买一些小工具、小零件,让孩子搞一些小发明、小制作。这样,孩子不仅学到了新知识,也学到了如何获得知识的方法。

父母要教会孩子思考,因为思考是一个人为人处世的基础,是一种精神活动的现象。思考不是天生的,而是后天学习的。思考其实是一个人处理资料的过程,即把外界接收到的信息,通过大脑的归纳整理,加入个人的思想观点,再用行动实施的全套过程。

或许你的孩子还处在幼年时期,信息收集的数量有限,得出的观点也不一定正确,但是,请尊重孩子独立思考的权利。只有独立的孩子,生存能力才最强。

独立计划，从料理生活开始

《北京青年报》公众调查组曾在北京八大区搞了一次调查，调查对象是包括市属县的年龄在 6 岁至 14 岁的孩子及其家长。调查共发放问卷 1000 份，回收有效问卷 989 份。调查结果表明：85.7％的孩子认为劳动没有必要。其中，32.3％的孩子没有劳动习惯，37.2％的孩子不知道怎样才算劳动。

同样在"中国城市青少年人格与教育"大型调查中，调查组还对 10 岁至 14 岁孩子从事家务劳动的状况作了了解，并且发现了两个令人震惊的结果。

结果之一：相当多的孩子不干家务或很少干家务。在调查所列 5 项劳动种类中，只有 15.5％的孩子经常购物；11.6％的孩子经常打扫卫生、整理房间等；8％的孩子经常洗碗、洗菜等；6.6％的孩子经常洗衣服；3.9％的孩子经常做饭。从上述数据来看，比例都是相当低的。另外，有 69.7％的孩子明确表示从没做过或很少做饭；63.2％的孩子表示从没洗过或很少洗衣服；48.1％的孩子表示从没做过或很少做洗碗、洗菜等简单家务劳动；38.6％的孩子从没买过或很少买东西；31％的孩子从没做过或很少做打扫卫生、整理房间这些力所能及的事情。

结果之二：孩子平均每天的家务劳动时间太少。0 分钟的占 9.7％；1～10 分钟的占 47.3％；11～20 分钟的占 27.2％；21～30 分钟的占 11.9％；31～60 分钟的占 2.8％；1 小时以上的只有 1.1％。从 1 分钟开

始，劳动时间越长，百分比越低。孩子平均每日劳动时间为 11.32 分钟。这一结果与其他国家相比，存在明显的差距。有研究表明：以每人每天参加家务劳动的时间计算，美国为 1.2 小时，泰国 1.1 小时，韩国 0.7 小时，英国 0.6 小时，法国 0.5 小时，日本 0.4 小时。也就是说，我国青少年平均每天劳动时间远远低于其他国家的青少年。

我们还需要列举太多吗？上述数字已经足以让我们震惊、清醒。在当今独生子女的家庭里，我们的父母习惯于溺爱孩子，习惯于让他们无所负担地专心于学业，唯一的希望就是孩子能够以好的成绩来报答他们。

中国科技大学少年班有一个高材生，因为自己不会系鞋带，不会穿衣服，不会到食堂打饭，连最起码的生活都不能自理，无法适应大学生活，最后被迫退学回家。有的高智商的孩子，不到 20 岁就考上了研究生，但还是离不开"妈妈的怀抱"。

这难道就是我们不惜一切培养出的高材生生吗？面对这样的高材生，作为父母，你难道不后悔？你还觉得成绩优秀的孩子是自己的骄傲吗？我们不惜任何代价培养出的"高智低能"的高材生根本不符合现代社会的人才标准。要想让孩子适应这个社会，独立的生活能力的培养比知识的获得更重要，更何况是基本的自理能力呢！

浙江省温州市一位母亲来信说：我女儿 12 岁了，上小学五年级，学习还不错，可就是生活不会自理。她那个小房间乱七八糟的，我常提醒她，也常帮她一起整理，并要求她自己学会整理。可过不了几天又依然乱糟糟的。对她怎么办呢？

孩子长大了，不会整理自己的房间了，家长急了。可是，我们有没有反省一下，是孩子不会收拾自己房间呢，还是我们从来没有让孩子收拾过？孩子从小都没有做过家务，已经习惯了这种生活状态，等我们发觉孩子早已到了能做家务的时候，才想起该让孩子做家务。孩子不会做，我们便埋怨，这到底是孩子的错，还是我们自己的错呢？

有这样一个男孩，今年 16 岁，学习成绩在班里中下等，在家里，除了看书学习以外，整天就坐在自己屋子里发呆。父母很焦急，担心孩子有问

题，便请了心理咨询老师到家里。

咨询师通过与孩子的交谈，并未看出他智力上有什么异常，却发现这个孩子有一个明显特点，就是不愿意做任何事情包括与家里人说话。孩子说他不知道做什么，也不知道跟父母说什么，小的时候他只管吃和玩，其余的事情父母都替他做好。上学以后，父母就只让他学习，给他请了许多家庭教师，还给他买了电脑，家务事一点也不用他操心，连他的自行车没气，都是家里人给他打好了他才骑。但他的学习成绩并没有让父母满意。

咨询师问他想没想过父母因他的学习成绩上不去而产生的心理焦虑。他告诉咨询师这是父母自己的事情，和他没关系，而学习成绩是他自己的事情，如果他愿意，他就会考好。

从这个男孩身上可以看出，孩子的自理能力与责任心是紧密相连的，如果父母在孩子需要有自理能力时，没有给予适当的教育和训练，那么他就会逐渐丧失做人的一种能力，无法站在已有的经验高度上体会对他人的责任心，包括对父母。

这个男孩一定认为父母既然能为自己做好一切事情，那么他们自然可以处理好个人的焦虑，自己完全不用理会父母的这种焦虑。事实上，这种完全忽略孩子自理能力的教养方式，既害了孩子，也害了父母自己。因此，强化父母培养孩子自理能力的意识是很有必要的。

不要认为帮孩子整理书包，帮孩子打理任何小事是对孩子的帮助，从上面的几个例子我们就能看出，作为父母，从现在开始醒悟还不晚，如果等孩子出现更严重的问题了再后悔自己的做法，那时就为时晚矣。

老鹰育儿，把孩子推下"石崖"

老鹰第一次教小鹰飞翔的办法是把小鹰带到一个不算太高的悬崖边，然后把它踹出去；第二次把小鹰带到稍高的悬崖边，再踹出去……一直到把小鹰训练得能在高空中自由地翱翔。

小狮子长大后，母狮子就专门培养它的狩猎能力。母狮子带领小狮子来到小动物出没的地方，当它发现猎物时，母狮子让小狮子去追赶。如果小狮子没有捕到猎物，精疲力竭地回来，母狮子上去就又抓又咬，逼着小狮子再去追赶，直到小狮子捕到猎物为止。

草原上的羚羊，特别注重小羚羊的奔跑能力，因为它们知道，当敌人来的时候，它们除了飞快地逃走以外，没有别的办法和对方较量，它们缺乏攻击能力，只有快速逃掉。如果小羚羊不能练就一身善跑的能力，就必然成为其他动物的美餐。

……

小鹰是被鹰妈妈踹下悬崖的，小狮子是被狮妈妈赶着捕猎的。在动物世界，不论是食肉的，还是食草的，不论是天上飞的，还是水里游的，它们都十分重视培养下一代的生存能力。因为这是动物能够生存，能繁衍后代的唯一途径。所谓生存能力的培养就是注重自己的事情自己做。

动物世界尚能如此，可我们人类呢？我们对待孩子太"仁慈"了，几乎"仁慈"得让孩子丧失了生存能力。

我们总是习惯于千叮咛万嘱咐，当孩子上学时，帮他把所有的书本及

相关文具整理好,最后临出门时还要补上一句:"等一等,让我看看你还少了什么没有?"这样的结果是当孩子出门父母不在身边时,他就成为了一个三岁小孩,不知道自己该做些什么,而最后往往是丢三落四。

相反,我们看看外国人是如何对待孩子的成长问题的。对外国人而言他们更注重的是孩子自我管理能力的培养,他们习惯于让孩子自己去管理自己的生活,让孩子自己决定以后的路怎样去走。而这或许就是外国孩子比中国孩子拥有更多的创新能力的缘由。

古语说得好:"千言抵不过行动。"也就是一件事只有在自己亲身体验之后,才会真正获得属于自己的经验,否则即使你在他面前唠叨千万遍,也不会有多大的成效,相反会让孩子产生一种逆反心理或是一种依赖心理,而这些对于孩子的成长是没有任何益处的。

看来,我们是要学学动物界的育儿方法了。如果我们不撒手,孩子永远不知道该做什么,怎么做。

一部日本电影纪录片,讲的是野生狐狸的生活。其中有一幕让人至今难以忘怀:一群小狐狸长大后,狐狸妈妈开始"逼"他们离开家。曾经很护子的狐狸妈妈忽然像发了疯似的,就是不让小狐狸们进家,又咬又追,非要把小狐狸们一个个都从家里赶走。

看着小狐狸们夹着尾巴落荒而逃,谁能不被深深地刺痛呢?多么残酷的生存竞争,多么冷酷的心理断奶!但是,这又是多么理智的生存教育啊!

作为父母,我们是不是也能理智地对待孩子的独立教育问题呢?松开手,狠狠心,把孩子推出自己的怀抱,让孩子学会管理自己。为了孩子的将来,相信每个"会"爱孩子的父母都能办到。

父母应放手让孩子在自己生活的范围内学会自理,让他遭遇失败、碰钉子,这样他们才能从失败中汲取教训而成长起来;相反,如果从小孩子的所有事情都有人替他们操办好,他们就没有办法体会到社会的真实面目,就会觉得天塌下来也会有人替他们处理,这样反而容易出事。

让我们看看日常生活中的一些例子:滑雪场里经常发生的骨折事故,大都发生在和缓的斜面,而不是在陡峻的斜面;建筑工人从脚手架上失足

跌落的意外事件多发生在接近地面的地方，而不是在高处……造成这样的事故的原因，就是因为在感觉不大危险的地段，人们会因为这样的安全感而造成心理上的松弛和注意力的分散。

那么在孩子的成长过程中，我们是不是应该吸取这样的教训，让孩子自己去经历社会上的大风大浪，这样才不至于让他们因认为自己有所依靠而意识不到危险的来临。只有懂得自己管理自己的孩子，才能够从容地应对在以后的成长道路上可能碰到的种种难题，只有这样的孩子才能成长为有知识、有责任、有能力的社会有用之才。

有这样一句俗话，"一屋不扫何以扫天下"，孩子如果连自己都没有办法管理好的话，又怎么可能有能力去管理好他人，怎么可能有能力让他人服从自己的管理呢？而最坏的结果或许是这样成长起来的孩子不要说成就大事，在很多情况下或许连生存的基本技能都没有。

青少年在自己管理自己的过程中，将会看到真实的社会面目，将会学会如何管理自己的情绪、时间及做事方式，同时也学会了如何与他人交往、为他人服务的基本原则。这些原则对于他们今后的成长有着不可低估的影响。这样的自我管理能力，才能够让他们在以后的生活工作过程中，懂得自我控制，懂得不能完全依靠他人，懂得自己的责任所在，更懂得做人应该自立自强，而不能凡事都依靠他人。

学会自己管理自己，是任何一个孩子在成长过程中所必须经历的一门必修课，同时也是任何成功人士成功的秘籍所在。父母们，请收起你的庇护吧！

让孩子自己选择，培养孩子的决断能力

1961 年 5 月初，国际名城日内瓦将要召开一次重要的国际会议——关于老挝问题的扩大的日内瓦会议。出席这次会议的中国代表团由副总理兼外交部长陈毅率领。这是陈毅作为外交部长第一次单独负责并率团代表中国出席重要国际会议。

5 月 10 日，陈毅一到日内瓦便得知会议延期了。日内瓦会议原定 5 月 12 日开始，各国代表团在这之前大都已陆续到达，唯独受到美国支持的老挝右派代表文翁-诺萨万集团的代表团迟到，美国也以未收到国际委员会核实老挝停火的报告为由，拒绝出席会议。各国代表团都在等待，但美国却百般刁难。

于是陈毅当机立断，决定在中国驻日内瓦总领事馆召开记者招待会，发表声明，谴责美方破坏会议的行径。

中国代表团的声明义正词严，震动了日内瓦，使美国代表团十分狼狈。美国国务卿、代表团团长拉斯克大为恼火，在中国代表团发言人的记者招待会后不到一小时，就赶忙亲自召集一小批美国记者进行辩解，竭力抵赖，但无济于事。各国记者议论纷纷，普遍认为，中国代表团先发制人，一开始便取得了主动，将美国送上了被告席。

陈毅与拉斯克较量第一个回合的结果是：5 月 16 日，左派力量代表出席，日内瓦会议正式开幕。

在此之后的会议进程中，无论遇到什么样的情况，陈毅都能当机立断，

抓住机会，迅速反应，事后不忘及时将处理结果电告中央。

最后日内瓦会议胜利结束，美国再也不敢漠视中国，而陈毅也受到各国朋友的交口称誉。当地报纸评论说："中国杰出的外交部长陈毅元帅还是一位了不起的诗人……"美国《先驱论坛报》记者沃尔德评论说："英国代表们发现他（陈毅）比许多苏联官员要通人情。……他的收获是得到尊重。"

陈毅身上体现出来的大将风度也让人折服。不管发生什么事情，他总能当机立断，迅速拿出解决方案。在第一时间迅速作出反应，才能获取主动地位占得上风。

其实成功很多时候并不神秘，关键是抢在别人前面去实现。你能在别人得出成绩之前即创造出相同的成绩，这就是优秀。而这一切都来自决断能力。

我们都知道，要成就事业，必须学会成竹在胸，坚定自己的正确决断。只有这样，自己的决断才不会受到任何风浪的扰乱和冲击。

机遇并不是什么时候都有的，也不会站在那里等我们慢慢反应过来。所以我们要反应得快一点，行动得早一点。

一个小老板，在外出购货的路上，恰巧遇见许多有名气的书法家为水灾救济而现场挥毫义卖，每幅售价仅10元。他毫不犹豫地买了300幅，这可是他用来进货的全部资金啊！但事实证明他的决策是正确的。几年后，他陆陆续续卖掉100幅之后，赚了十几万元。

这位小老板之所以当时能果断买下这么多的作品，并不是因为运气好侥幸做对了。他在心里迅速盘算了一下：这些书法家的作品，当时的市场价也要百元左右，如不是为了献爱心义卖，绝不会以这样低廉的价格出售；这些作品均为现场挥毫所作，确定了作品的真实性，肯定没假。于是他毫不犹豫地把自己用来进货的钱换成了这些字。

一个人是否能取得成功，很多时候就要看这个人是否能一马当先，哪怕只比别人早一步，他都会成为佼佼者。能迅速对眼前情况作出分析判断，并当机立断着手去做，有胆有识，决断力强，在别人瞻前顾后的时候，自

己已经走出去很远了——这样的人才会遥遥领先。

　　培养孩子的决断能力并不是一朝一夕的事情，父母首先要放手让孩子自己作决定。

　　有些事情孩子自己本来能决定的，就让他们自己去决定，父母不要大包大揽，避免孩子产生依赖心理，难下决心。而当孩子自己已经决定了，即使与父母的想法大不相同，父母也不要横加干涉，认为孩子不听话，可以倾听下孩子的想法，只要不是原则问题，不妨让孩子按照自己的决定去尝试，在实行过程中孩子自会获得相关的经验或教训。在日常生活中父母应该善于鼓励和褒奖孩子的果断精神和行为。

　　对于较难做的事，父母应同孩子一起去做，并给予适当帮助，教孩子逐步学会一些克服困难的方法和技巧。孩子有了成功的经验，就会增强自信，做事果断。让孩子做事时，父母提出的要求要具体、明确，尽量让孩子明白如何做。含糊不清、笼统的语言会使孩子感到无从下手，拿不定主意。另外，父母还可通过一些训练机敏、果断的体育、智力游戏等来有意识地培养孩子的果断性。

　　当然，父母要明白，想占尽先机，实际做起来并不容易，我们需要从多方面训练自己的孩子，让孩子有一颗敏感的心，一个灵活的头脑，过人的胆识，决断的魄力。

让孩子自己摸索，不要为他铺好道路

一只母鸡捡到一个鹰蛋，把它带回去和自己的蛋一起孵，小鸡和鹰一起成长，鸡妈妈待它视同己出。一天，一个猎人经过，一眼就看出了那只鹰。虽然那只鹰走路和觅食的神态已经和小鸡差不多了。

猎人对鸡妈妈说："这是一只鹰呀，你应当让它成为真正的鹰！"

鸡妈妈说："它是我的孩子。"

猎人对鹰说："你是一只鹰呀！"

鹰说："你弄错了，我是一只鸡。"

于是猎人把小鹰带到一个小土堆上，把小鹰举高，然后撒手，小鹰"扑棱棱"落在地上，然后迈开母鸡般四平八稳的步子。

猎人有些失望，但还是把小鹰带到更高的土堆上，把小鹰举高，然后撒手，小鹰"扑棱棱"又落在地上，还是迈开母鸡般四平八稳的步子。

猎人有些遗憾，但他说："我们再试一次！"于是猎人把小鹰带到悬崖边，对小鹰说："这次就看你的造化了！"说完把小鹰举高，然后撒手，小鹰"扑棱棱"直掉下去。快要着地时，小鹰突然奋力地扑扇自己的翅膀，扇动，扇动……终于，小鹰飞了起来，就像一只真正的鹰那样，猎人欣慰地笑了。

是否像那母鸡一样，把孩子罩在自己的翅膀下？请父母们深深地反思一下吧。

科学家曾经做过一个试验：把一批白鼠分成两组，一组白鼠每天都被

喂得饱饱的，它们吃完就睡，睡完了再吃；另一组白鼠每天则只喂半饱，因为吃不饱，这组白鼠只能到处寻觅食物，东奔西跑。

半年后，科学家看到的是：每天吃得饱饱的白鼠不是得病了，就是死掉了；而那些到处寻觅食物的白鼠却很健康地活着。原因不言而喻，没有吃饱的白鼠在寻觅食物的过程中，既锻炼了身体，又增强了自己的适应能力，提高了免疫力，所以拥有了健康和活力。

有的父母出于对子女的过分爱护和关心，也正在把孩子当做喂饱的白鼠对待。作为父母，我们不能害怕孩子吃苦，孩子自己的事情就放手让他独立去做，我们一定不要插手，这才是正确的做法。

培养孩子独立的方法首先就是父母敢于放手让孩子独立。要相信孩子的能力，相信他能够独立做很多事情。独立是生存的基本条件，孩子从小就有独立与依附的心理冲突。作为父母，必须时时注意培养其独立性。

下面是一个真实的故事。一位名叫安妮·兰伯特的美国人通过自己的经历告诉大家，她的完美人生是如何开始的。读完她的故事，任何人都会相信，神圣的责任感将会在安妮的生命里延续下去。

"我13岁生日那一天，是我人生的一个重大转折。妈妈把我叫进她的房间，'安妮，我想和你谈谈。'妈妈拍了拍身边的床铺说，'我用了12年的时间来培养你的价值观和道德观。你觉得自己具有分辨是非的能力了吗？今天是你的13岁生日。从今以后你就不再是小孩子了，该是你开始自己拿主意的时候了。从现在起，你自己的规矩自己定。什么时候起床，什么时候睡觉，什么时候写作业，和哪些人交朋友，这些都由你自己决定。''我不明白。你生我的气了吗？我做错了什么吗？'妈妈伸出手搂住我的肩膀：'每个人迟早都要自己做主。很多被父母严格管教的年轻人，往往在他们离开大学、没人给他们指导的时候犯下了可怕的错误，有些人甚至毁了自己的一生。所以我要早一点给你自由。'我目瞪口呆地盯着她，各种念头一起闪过脑海：那么，我随便多晚回家都可以；能够自由参加各种聚会；没有人再催促我写作业……这简直棒极了！妈妈站起来：'记住，这是一种责任。家里人都在看着你。而只有你一个人为自己的过错负责。'她说着用力

抱了抱我，'别忘了，我一直在你身边。任何时候，如果你需要，我会随时帮助你。'完美的谈话就这样结束了。同以往一样，这个生日是与家人一起度过的，有蛋糕，有冰淇淋，还有礼物，而母女间的这次谈话却是我收到的最有意义的生日礼物。

"从那一天起，我在享受生活的时候，始终忘不了母亲的那句话——只有你一个人为自己的过错负责。在这之后的数年间，我做过不少错事，但自己为自己的过错负责的态度，使我迅速成熟起来。"

安妮·兰伯特13岁起就勇敢地去为她自己的事做安排，但当有过错发生的时候，将不再有人为她承担，只有她自己为自己的过错负责，而在这样的过程中，她吸取了很多经验和教训，她一步步地成长成熟起来，为自己以后的生活和工作打下了深厚的基础。

对于父母来说，我们所面临的最大挑战，就是要努力做到当孩子正在做自己有能力独立完成的事情，需要父母的支持鼓励而不需要父母插手代办的时候，能够放开双手。

让孩子为自己的行为负责

责任感是一个人能够立足于社会、获得事业成功与家庭幸福的至关重要的人格品质。托尔斯泰认为："一个人若是没有热情，他将一事无成，而热情的基点正是责任心。"一位成功的企业家也曾说过："一个人必须有责任感，不管你做什么，都要做一天就得做好一天，你不知道它会在以后的路上给你以什么样的帮助。谁都可以成为成功者，只要你保持自己的责任感。"

对于我们的孩子来说，责任感可以体现在以下几方面：离开有父母庇护的温室，成为一个能独立判断、作出相应选择并勇敢地接受其相应的后果，为其负责；做事能够善始善终、注重效果，而不是敷衍了事、马虎草率；不会因为自己年龄小就为自己找任何借口以推卸自己对社会、家庭及他人的责任义务等等。

培养孩子的责任感，首先要让他对自己的行为负责。而当前，无论是从各类研究报告中，还是在日常的生活中，我们都可以发现，责任意识的缺乏已经成为现代孩子发展中的一个严重问题。无论是在学校还是在家里，自己的东西乱扔而不知收拾；看到别人摔倒了不过去帮忙；面对他人的求助置之不理，视而不见；对于老师、父母交给的任务不能认真负责地完成；做了错事千方百计地找借口推诿……这样的现象随处可见。这些都是缺乏责任意识的具体表现。

美国经济学家葛尔布莱一天回到家后感觉疲惫不堪，他想睡一个好觉，

于是特意吩咐女管家，无论谁来电话，都不要打搅他。

但是当他刚刚入睡，约翰逊总统就来电话找他。女管家和气、委婉地向总统解释："葛尔布莱先生刚从国外讲学回来，很疲劳，刚刚入睡。请您原谅，总统先生！我暂时不能叫醒他。"

约翰逊总统说有要紧的经济政策问题要同葛尔布莱商量，执意要管家叫醒他。女管家耐心地解释说："不，总统先生，他身体有些不适，方才特意嘱咐过我，他不接任何人的电话。我现在只能是替他工作，为他负责，而不是替您工作。请您放心，待他醒过之后，我一定将你打来电话的事情及时转告他。何况只有在他休息好之后，才能精力充沛地同你讨论经济政策问题，您说对吗，总统先生？"

女管家的话有理有据，约翰逊心服口服，只好放下电话。葛尔布莱醒来之后，立刻去见总统，并表示了深深的歉意。没想到约翰逊总统丝毫没有责怪之意，反而对女管家大家赞赏，并建议说："请转告你的女管家，如果她愿意，那就请她到白宫来工作，这里需要像她那样的人。"

对自己负责，对自己的行为负责，做到这点你就是最大的赢家。女管家本着对自己负责的态度，只是做好了自己的本职工作，却赢得了总统的高度赞扬。由此可见，培养孩子对自己的责任意识是多么重要。

油漆工的儿子沃尔顿不仅努力读书，假日也常常跟着父亲去给人刷油漆。他考上了美国著名的耶鲁大学，但家里拿不出足够的学费。他决定去打工挣钱上学。凭着他精湛的油漆技术，他接到了一个工程，负责油漆一栋房子的门窗。主人对他讲究质量的认真负责精神十分赞赏。

可就在他支起刚刷好最后一次油漆的一扇门时，一不小心，门倒在一面墙上，雪白的墙上划出了一道漆痕。沃尔顿把墙上的漆痕刮掉，再拿涂料补上。可是，补上涂料之处与整面墙有轻微不协调，于是，他再买来涂料，将整面墙重新粉刷了一遍。可这样一来，这面墙又与整间房子的其他墙面有些不协调。虽然不细心看不出来，但为了墙面颜色一致，沃尔顿便将内墙全部重新粉刷一遍。他向房主说明了情况，请房主预支钱给他买涂料，并表示这涂料钱从工钱里扣。房主很欣赏沃尔顿的认真负责精神，提

醒道："这样，你就没剩多少工钱了。"沃尔顿回答说："这是我的作品，不能留下让人指点的瑕疵。"这房子的主人是个老板，叫迈克尔，后来他资助沃尔顿读完了大学，还将女儿嫁给了沃尔顿。

十年后，迈克尔将公司交给沃尔顿经营。沃尔顿接手公司以后，不断扩张，使这个从美国中部阿肯色州的本顿维尔小城崛起的企业，发展到连锁店达4000多家，不仅布满全美，而且扩大到世界各地。这就是名列世界500强的沃尔玛零售公司。

沃尔顿之后的所有一切，不能不说是源于他一开始对自己工作的负责。如果他不是那么苛求完美，不是将为别人做事看作是自己工作的完美体现而全身心地投入其中的话，他不可能引起这家主人的注意。正因为他强烈的责任感而受到迈克尔的赏识，最后成就了闻名全球的沃尔玛零售公司。

开始意识到对自己的人生负责，是一个孩子自尊自爱的表现，更是孩子开始独立起来的标志。孩子不可能永远不长大，永远都在父母的庇护下，他们迟早要经历人生的大风大雨。那么，作为父母，与其让孩子在以后的风浪中不知所措，何不从现在开始就培养孩子的责任感呢？

尊重孩子隐私，远离他的"秘密花园"

一位中学生说，一种带锁的日记本在他们班里几乎人手一册，目的是为了防范父母翻看日记。

孩子向最亲的父母锁住自己，这一颇为残酷的现象令人深思。中国的教育，由于受封建意识的影响，存在着许多封建专制的色彩，存在着许多不平等、不民主的东西。学校、老师、家长往往以所谓的正常教育为名，以关心孩子成长为名，做一些不平等、不民主、伤害孩子人格、自尊的事情。其中，不经孩子同意，就看他们的日记、信件，偷听孩子电话是常事，偷翻抽屉、书包也不鲜见，理由基本都是防止孩子学坏。

心理学研究认为，一次错误的教育，往往会影响一个人的一生，许多人成年以后有深深的自卑感或懦弱习性，有的还对他人和社会有很强的攻击性，正是源于他们童年的失败感。而且，这种心理创伤，往往是成年以后也难以愈合的。只有在青少年时期被人尊重，孩子才可能获得自尊，并可能学会尊重别人，而自尊和尊重他人是使孩子形成健康人格的首要条件。

因此，以教育的名义侵犯隐私，不仅可怕，也非常可恶。尊重和保护孩子的隐私是尊重学生及其人格的重要内容之一，每一位家长都应当引起足够的重视。

随着孩子年龄的增长，他越来越意识到自己是一个独立的个体，而不再如小时那样时刻需要父母的呵护和怀抱。于是，他需要自己独立处理一些事情，需要自己的空间，需要自己的隐私。他渴望得到父母的尊重和理

解，渴望父母不要跟得太紧。

心理专家认为：从生理上来说，每一个人都想拥有属于自己的独立领域，因此，父母不应该把孩子作为他们的"私有财产"，凡事都干预，而是要尊重孩子的隐私，留给孩子一片属于他们自己的天地，与孩子坦诚相待，才是最好的选择。

反之，父母与孩子之间就会形成一个怪圈，父母越是偷看孩子的信件、日记，干涉的方面越多，孩子的背叛心理就会越强，受到的伤害就越深，甚至出现性格扭曲，而原本浓厚的亲情也会在埋怨与背叛中淡薄很多。

一位父亲有一次未敲门就进入儿子的房间，儿子竟恼怒地大声问道："有什么事？为什么不敲门进来？"这位父亲十分伤心："白养这么大了，怎么这样对待我？"

可是儿子在自己的日记中却这样写道："我看书写作业时，有时学着学着，感到背后有喘气声，猛一回头，发现爸爸正在偷偷地看我。每当这时，我就觉得自己像做错了事，气得跟他们吵。对他们不敲门进房间我特反感，每个人都要尊重别人的想法，父母也不例外。"

这种现象极为普遍。父母与孩子交流方面的冲突日渐突出。

雯雯是某校一名初二女生。有一天，她正走在上学的路上，突然间，她想起昨天晚上的作业忘记带了，于是急忙又掉头往家跑。当她掏出钥匙打开家门时，看到妈妈正从自己的房间里出来，脸上带着不自然的表情。雯雯走进自己房间去拿作业本，推开房门，她愣住了，她看到自己书桌的抽屉全部敞开着，自己的日记本、同学们送的生日礼物及贺卡等全都胡乱地堆在桌子上。

雯雯非常生气地质问妈妈："你为什么翻我的抽屉，随便动我的东西？"

没想到妈妈却比她还生气："怎么了？当妈妈的看看女儿的东西还有错吗？"

"可是你应该经过我的允许才能看啊！"雯雯很愤怒地回答妈妈。

"小孩子有什么允许不允许的，别忘了我是你妈妈！好了，快去上学吧！"妈妈毫不在乎地对雯雯说。

生活中，很多父母和孩子在"隐私"问题上可能也有过不少交锋。一封封"地址内详"的信件让父母疑心不止；孩子在日记本中记下心中的真实想法，父母也希望能够"拜读"；而对打到家中的电话，父母更要例行检查了……这些关心的行为都让孩子们感到不舒服。

所以，父母要想搞好与孩子之间的关系，让孩子对自己坦诚相待，就要承认和尊重孩子的隐私，不要随意侵入孩子的领地，不要对孩子的任何行为都进行监督。

从好奇心角度来说，每个父母都希望多多了解孩子的心理，随时掌握孩子的信息，但不应该在孩子不知情的情况下，翻看孩子的日记。不管是做父母的，还是做子女的，在很多方面，其实是平等的。如果想让孩子信任自己，那么，试着蹲下来，以对等的姿势和孩子对话，用真心跟孩子交流，把孩子作为朋友般看待，循循善诱，晓之以理。如此，孩子一定会愿意跟自己的父母诉说心里话的。

现在社会很复杂，而我们的孩子经验太少，还不足以应对这个社会的纷繁，所以，给孩子充分的独立空间，父母就害怕孩子会上当受骗，害怕孩子误入歧途，害怕孩子做一些不应该做的事情。

如果是这样，父母可以经常主动地找孩子交谈，达到与孩子情感上的沟通，营造家庭中平等、民主、理解、宽松的行为模式，使孩子感到自己和父母之间不仅仅是血缘上的亲子关系，更是生活中可以信赖的朋友。这样一来，孩子也很愿意把自己心中的秘密告诉父母。

隐私，是每个人藏在心里，不愿意告诉他人的秘密。我们每个人都会有自己的隐私，孩子也不例外。作为父母，我们给予孩子的东西已经很多，又何必吝啬再给孩子一点独立的自由的空间呢？

第四章

品质是赢家的博弈资本

　　评价一个人成功与否，并不是看他拥有多大权力或多少财富，而是看他是否拥有完美的品质。完美的人格品质具有无穷的魅力，会让人处处受欢迎，做一切事情都会轻而易举。

　　贝多芬说："把'德性'教给你们的孩子。使人幸福的是德性而非金钱。这是我的经验之谈。在患难中支持我的是道德，使我不曾自杀的，除了艺术以外也是道德。"

　　每一位渴望孩子能有完美人生的家长都要记得，完美的品质是最大的财富。华尔街富豪们都认同这一观点。

挖第一桶金靠机遇，一直挖金靠品质

机遇的力量是很神奇的，我们都希望在自己人生短短的路途中多多得到它的惠顾，特别是在选择职业的过程中。然而，真正能够抓住机遇的人却不多，因为机遇好比商品的价格，稍一耽搁，就会变化；它又像市场上的某些紧俏商品，如果能买时不及时买，当你发现了它的价值而想买时，却再也找不见了。古谚说得好，机会老人会先给你一个可以抓的瓶颈，你没有及时抓住，再摸到的就是抓不住的圆瓶肚了。

在商场上淘金需要机遇，有很多人正是善于抓住机遇才走向了成功。

19 世纪中期，一股淘金热潮在美国西部悄然兴起。成千上万的人涌向那里寻找金矿，幻想能一夜暴富。一个十来岁的穷孩子瓦浮基，也准备去碰碰运气。因为穷买不起船票，他就跟着大篷车，忍饥挨饿地奔向西部。不久，他到了一个叫奥丝丁的地方。这儿金矿确实多，但是气候干燥，水源奇缺。找金子的人最痛苦的是拼死苦干了一天，连能滋润嘴唇的一滴水甚至也没有。抱怨缺水的声音到处弥漫，许多人愿意用一块金币换一壶凉水。

这些找矿人的满腹牢骚，使瓦浮基得到了一个十分有用的信息。他寻思着如果卖水给这些找金矿的人喝，或许比找金子更容易赚钱。他看看自己，身单力薄，干活儿比不过人家，来了这么些天，疲惫不堪，仍然一无所获，但挖渠找水，他还是能办得到的。

说干就干，瓦浮基买来铁锹，挖井打水。他将凉水经过过滤，变成了

清凉可口的饮用水，再卖给那些找金矿的人。在短短的时间里，他就赚了一笔数目可观的钱。后来，他继续努力，成为了美国小有名气的企业家。

机遇是很重要的，机遇是淘金必不可少的关键，可是要想在商场上不倒，不能总是靠机遇，因为机遇并不是时刻都眷顾想发财致富的人。要想永远地拥有财富，那首先要做一个品质高尚的人。

品质，就是做人的规矩，是用来调整人与人之间、个人与社会之间相互关系的行为规范，它是一种精神财富，无形的东西。金钱则是人类的物质财富，是有形的东西。金钱和道德都是人们的一笔财富！

一个人道德的高尚，主要看他是不是诚实守信，有无崇高的人格，是否得到别人的信赖和支持，以及正直和对待金钱的态度等。自古以来，真正有骨气的人，他的德行一定很高，这源于他们坚定地用自己的双手去劳动，去创造，去获得财富，他们的成功就是从自己的道德开始。

一个具有优良财富品质的富豪，都应该是社会的财富形象大使，是一个奋斗和成功的楷模，是一个富有责任感、勇敢承担社会道义的精英！一个具有优良财富品质的富豪，都应该是道德品质高的人，是一个正直的、诚实守信的、豁达的人……因为没有这些品质，富豪不可能在商场保持太久。

财富是什么？财富到底好不好？财富应该如何获得？问题的答案因人而异，但是唯一可以肯定的是品质成就财富。

《北京青年报》曾刊登的一份调查报告，52.7％的人表示"钦佩"比尔·盖茨；51.2％的人"崇拜"他；48.8％的人认为比尔·盖茨是榜样；42.9％的人坦诚"羡慕"他的成功与财富；只有11.3％的人对他怀有嫉妒的心情，没有一个人仇视他。比尔·盖茨是富人，为什么他就能获得国人如此好的情感？道理非常简单，比尔·盖茨的致富不是靠家庭背景，不是靠贪污受贿，不是靠走私贩毒，不是靠投机取巧，更不是靠压榨穷人的血汗，而是靠自己的聪明头脑和技术发明，是实实在在地靠自己的奋斗闯出来的。不仅如此，在他富了之后，不忘回报社会，为慈善事业捐款超过百亿美元，并在遗嘱上写明，要把99％的财富捐赠给慈善事业……这样的富

人不受欢迎才怪!

一个真正的富人,财富数字作为衡量其富有的一个标准,固然重要,但是,其财富品质同样重要。

在一份企业"立业之本"的调查中,如果以 5 分为满分,那么,"诚信"的 4.9 分当仁不让地成为中国企业家的"立业之本",是企业家最看重的财富品质。调查结果表明,几乎所有的榜上企业家都认为"诚信"非常重要,对这个品质的认可,在年龄、行业等方面都无任何差异。早在调查结果出来之前,中国工商联副主席程路在《财富品质》寄语中写道:"其实,财富品质的核心是诚信,诚信立业,诚信致富。"这种不谋而合给企业家们的选择作了一个最好的注脚:做事情首先是做人。

作为父母,我们应该告诉孩子要做事,先做人。要想让孩子有立身之本,不要忘了给孩子上品质这一个课。善不积不足以成名,恶不积不足以灭身。小人以小善为无益而弗为也,以小恶为无伤而弗去也,故恶积而不可掩,罪大而不可解。我们可以从以上的话中感悟到一个道德高尚的人的魅力。我们的孩子也一样可以做个道德高尚、品质优秀的人。

让孩子体会合作的愉快，拥有团队意识

世界上的植物中，最雄伟的可属美国加州的红杉了，它的高度相当于 30 层的高楼那么高。按一般规律来说，越是高大的植物，它的根应该扎得越深，但是科学家却发现红杉的根只是浅浅地浮在地面而已。可是扎得不深的高大植物是非常脆弱的，只要一阵风就可以将它连根拔起，更何况红杉呢？但实际上红杉是一大片红杉，而且大片红杉彼此紧密地相连着，一株连着一株，因此再大的风也无法撼动几千株根部相连的红杉。

每株红杉的力量是渺小的，但是几千株红杉的力量却是无比强大的，它们靠着团结合作与大自然作斗争，最终获得胜利。

由此，父母肯定也明白 1＋1＞2 的道理。每个人的能力和资源都是有限的，但是如果团队中的每个人都拿出自己的优势和大家分享，把各自的长处都叠加起来，那么这支团队的力量就是难以想象的。

这是一个在国外留学的中国学生的真实故事：圣诞节前夕，当他正在美国进修资管硕士学位时，有一门课要求他们四个人一组到企业去实际参与编写系统方案。由于同组的另外三个美国同学对系统开发都没什么概念，所以他这位组长只好重任一肩挑起，几乎是独立完成了所有的工作。方案上交后，厂商及老师对他们的（其实是他的）系统都相当满意。第二天他满怀希望地跑去看成绩，结果竟然是一个 B，更气人的是，另外那三个美国同学拿的都是 A。他懊恼极了，赶快跑去找老师。

"老师，为什么其他人都是 A，只有我是 B?"

"噢！那是因为你的组员认为你对这个小组没什么贡献！"

"老师，你该知道那个系统几乎是我一个人弄出来的，是吧！"

"哦！是啊！但他们都是这么说的，所以……"

"说起贡献，你知道 Jim 每次我叫他来开会，他都推三阻四，不愿意参与吗？"

"对呀！但是他说那是因为你每次开会都不听他的，所以觉得没有必要再开什么会了！"

"那 Tom 呢？他每次写的程序几乎都不能用，都亏我帮他改写！"

"是啊！就是这样让他觉得不被尊重，就越来越不喜欢参与，他认为你应该为这件事负主要责任！"

"那撇开这两人不谈，Mary 呢？她除了晚上帮我们叫 Pizza 外，几乎什么都没做，为什么她也拿 A？"

"Mary 啊！Tom 跟 Jim 觉得她对于挽救小组陷于分崩离析有极大的贡献，所以得 A！"

"亲爱的老师！你该不是有种族歧视吧？"

"孩子，你打过篮球么？"

那天，老师让他了解到无论做什么，他都需要团队的合作才能达到目标。今天的他，每一天的工作都需要上级的提携、同事伙伴的帮助，以及别人的大力配合。从那天开始，他就再也没有那么轻易地搞砸过自己的团队。

小伙子觉得自己为团队做出了最大贡献，但结果却是如此。他忘记了，这是一个团队，不该不顾别人。只有大家精诚合作，这才是一个团队。不要认为别的成员都不如你，就不愿意跟他们一起做事，你要以你的团队为荣，大家共同让自己的团队发展得更好。

有一家公司的老总讲过这样一件事情：

他有一位下属，这位小伙子工作能力非常强，做事也非常积极，但是他什么事情都管，什么事情都做，从宣传到销售，到人事，到后勤，只要他遇到了，什么事都插一手，整天忙得不可开交。这位老总戏称："他甚至

比我这个老总还要管得多做得多。"最后老总给了他一笔钱,把他辞掉了。

这位老总的道理是:虽然他的确是一个人才,但辞退他自己一点也不后悔。因为一个公司要的不是一个英雄,而是要一个分工合理、团结协作的团队,对于一个已经有一定规模的公司来说,组织是最重要的。而他却已经在无形中扰乱了公司的组织结构。况且,像他这样工作下去,迟早是要在自己的工作上出问题,或者弄垮自己的。

你不得不承认,这位老板的话是很有道理的。一个团体是分工明确、各司其职的,这样才能保证组织结构的稳定和工作的有序进行,不要忽视别人。

卡耐基说过:"一个人的成功,只有15%是由于他的专业技术,而85%则要靠人际关系和他的为人处世能力。""一个篱笆三个桩,一个好汉三个帮",合作本身就是自然界的法则。

大雁在空中飞行的时候,总是排成一字形或人字形。它们定期变换领导者,因为为首的雁在前头开路,能帮助其左右的雁群造成局部的真空。科学家曾在风洞实验中发现,成群的雁以人字形飞行,比一只雁单独飞行能多飞12%的距离。

一个人的才能和力量总是有限的,只有合作,才能最省时省力,最高效地完成一项复杂的工作。没有别人的协助与合作,任何人都无法取得持久的成功。

如果孩子本身就很优秀,那么与别的优秀者一起合作,就会相映成辉,相得益彰,强强联合,让孩子更优秀。而如果孩子本身能力并不出众,那么与别人合作会让孩子成功的几率提高很多。无法与他人和睦相处、精诚合作,是很多人与成功无缘的原因之一。

作为父母,我们要鼓励孩子有事多找同伴商量、切磋。一个人的智慧和力量总是有限的,尤其是对孩子来说。当孩子有困难准备求助于父母时,父母不妨鼓励他找同伴商量。事实上,孩子的很多问题都可以在与同伴的讨论、商量中得到妥善解决。比如,孩子与同学共同商讨、切磋学习上的问题,有助于孩子取长补短,记忆更加牢固,解题思路更加开阔,作文想

象力更加丰富。这样既培养了孩子的合作精神，又锻炼了孩子独立处世、不依赖大人的能力。

我们生存在一个充满竞争的时代，成功似乎变得越来越艰难。正因为如此，作为父母，我们为了孩子未来的生活，现在就要让孩子学会与别人合作。自然界中，能够有效运用合作法则的动物，一般都会生存得很好很久。人同样如此。让孩子和他的同伴一起进步，以他们的团体为荣，孩子会更快乐，更优秀。

培养孩子诚实守信的品质

诚实是中华民族的传统美德，是一种可贵的善良。守信是指说话、办事讲信用，答应了别人的事，能认真履行诺言，说到做到，守信是诚实的一种表现。古今中外，我们从不缺乏诚信故事。

一个商人办了一间当铺，但有一天遭强盗抢劫，不但自己一命呜呼，连典当的物品、凭证、家产也被一抢而光，只留下了妻子和一个儿子。有人劝女人死不认账，对上门要求赔偿银子的不要答理或者逃往外乡。但她说："我的丈夫是一个口碑极好的人，经商讲信用，做人也诚实，我不能玷污他的名声。"于是女人一边借钱还债一边到处找活赚钱，历经十年终于把当铺的债务还清了。方圆百里的人听到这件事无不称颂，以后到她这个当铺来做生意的人越来越多。

答应别人的事情就应该讲信用，不管后来发生什么样的情况，也不应该食言。

外白渡桥是上海外滩的标志性建筑之一。2008 年 4 月，这座桥被整体拆移，运到船厂进行维修，上海人称之为"疗养"。一年后，它将以原貌重现黄浦江畔。

但大家也许不知道，之所以决定对这座百年老桥进行"疗养"，这里面是有故事的。

2007 年年底，外白渡桥刚刚度过自己的"百岁华诞"。这时，上海市有关部门收到了一封寄自英国的信件。信中说："外白渡桥的设计使用年限

为一百年，现在已到期，请注意对该桥维修。"

当时，上海正准备对外滩进行综合改造，收到这封来信后，有关部门立即决定对外白渡桥进行拆移维修。

其实，寄这封信的正是当年设计外白渡桥的英国某公司。这座桥于1907年交付使用，采用的是当时最先进的钢铁结构。

现在，一百年过去了，外白渡桥每天承载着3万多辆汽车的通过，我们甚至都忘记了这座桥其实已经垂垂老矣。谁还会想到有人会对这座桥负责？但一家本可以游离于此事之外的外国公司，竟然记在了心上，并且专门发信件来提醒。

很多人知道后，对此进行了评论。

有的说："原来外白渡桥一百年了，了不起啊！用这样简单的技术造起来的桥，竟然可以用上一百年！"

还有的说："一百年后的今天，造桥技术已不可与当年同日而语，可现在，有些桥竟然刚造好就轰然倒塌，看来这里面不是技术问题。"

是的，对于英国的这家公司来说，对自己设计建筑的大桥负责，那是分内之事，是再也平常不过的事情。因为，这并不是技术问题，而是良心问题，诚信问题。

做人要诚信，尤其是做商人。如果父母想让孩子长大后通过自己的努力能拥有财富的话，那么，告诉孩子做人要诚信，这是做人的根本。想让孩子拥有诚信这一品质，父母首先要起到榜样的作用。

曾参，春秋末期鲁国有名的思想家、儒学家，是孔子门生中七十二贤之一。他博学多才，且十分注重修身养性，德行高尚。

一次，他的妻子要到集市上办事，年幼的孩子吵着要去。曾参的妻子不愿带孩子去，便对他说："你在家好好玩，等妈妈回来，将家里的猪杀了煮肉给你吃。"

孩子听了非常高兴，不再吵着要去集市了。

这话本是哄孩子说着玩的，过后，曾参的妻子便忘了。

不料，曾参却真的把家里的一头猪杀了。

妻子看到曾参把猪杀了，就说："我是为了让孩子安心地在家里等着，才说等赶集回来把猪杀了烧肉给他吃的，你怎么当真呢？"

曾参说："孩子是不能欺骗的。孩子年纪小，不懂世事，只能学习别人的样子，尤其是以父母作为生活的榜样。今天你欺骗了孩子，玷污了他的心灵，明天孩子就会欺骗你、欺骗别人；今天你在孩子面前言而无信，明天孩子就会不再信任你，你看这危害有多大呀！"

不愧是思想家，曾参给孩子上了一堂守信的课，这堂课上并没有说教，而是用活生生的事实，以身作则为孩子树立了诚信榜样。

父母是孩子的第一任老师，我们在日常生活中的每一个行为细节都对孩子有着潜移默化的影响，父母对孩子说过的话，答应的事，一定要信守诺言。如果经常给孩子许愿，给你买什么、带你去哪游玩，结果因工作关系或种种原因落空了，过后又没有给孩子合理的解释或弥补，就会给孩子留下父母说话不算数的印象，久而久之，孩子说话也随随便便。

为了不失信于孩子，父母在向孩子许诺之前一定要三思，不能言而无信，答应孩子的事情就一定要做到。如果兑现不了，应及时给孩子解释，向孩子道歉，并作自我批评，让孩子从内心理解和原谅父母，事后父母应设法兑现自己的承诺。这样我们的孩子才能在家庭良好的熏陶和教育下成长为一个诚实守信、有责任心的人。

不要姑息孩子的说谎行为

华尔街华人交易员江平说："记得我在雷曼做衍生小组主管的时候，手下有个人非常聪明，但可惜的就是不够诚实。他做很多拉美的外汇和债券交易，操作了很多虚假利润，他做的假账我也要反复查看才会发现。每次危机之前整个社会都会有很多虚的东西在里面，有很多奇迹，比如虚的劳动生产率等等，像我手下这个人就制造了这个奇迹的一部分，他做的假账没有人可以发现，这种假账到一定的时候就会发生危机。"

华尔街精英高梅给人的第一印象是，温文尔雅，具有与古典优美并存的现代高雅风度。在加拿大读完研究生后，高梅因成绩出色而被教授推荐继续攻读博士学位。

然而，高梅因没有专门学过数学课程而落选了。幸运的是，落选当天，在学校一名教授的推荐下，高梅得到了一个去加拿大银行面试的机会。

在华尔街面试，不但要有专业知识，还要有良好的心理素质和道德水平。高梅告诉记者，在面试中，千万不能不懂装懂。因为在华尔街证券交易行业中，诚实是最被人看重的品质。

高梅说，她在面试中也遇到了一些刁钻问题，她都诚恳地摇摇头表示"不知道"。不过，正是这种"不知道"的诚实态度，高梅在一个星期内，就获得了加拿大多伦多投资银行衍生交易项目分析的工作。

诚实的品质让高梅实现了心中的梦想。

有只乌鸦被捕鸟器夹住了，他祈求阿波罗，说他若能脱险，将供奉贵

重物品。阿波罗解救了他，但他把许的愿丢到了脑后。不久，他又被捕鸟器夹住了，他再不敢求阿波罗，只好向赫耳墨斯许愿。赫耳墨斯对他说："你这坏东西，你背弃和欺骗别人，我怎么还会相信你呢？"

那些忘恩负义的人遇到灾难时，谁也不会去救他。诚实是可贵的，撒谎和欺骗是可耻的。

对父母而言，孩子说谎是绝对不能容忍的事情，从孩子很小的时候开始，父母就往他的脑子里灌输《狼来了》一类的故事，努力地教育孩子要实话实说，坦诚做人。

然而，结果往往是事与愿违，很多父母都会遭遇孩子谎言的袭击，这对他们来说无疑是当头一棒。接下来其中的一些父母有可能会更是雪上加霜，他们会渐渐发现：孩子越大，谎言会越来越多，说谎的本领越来越强，谎话也越来越高明。

5岁的陶陶酷爱在墙上作画，对此爸爸妈妈已经警告过他多次了。最近，陶陶一家乔迁新居，妈妈特意为他准备了一块大白板。陶陶在白板上画了几次，可总觉得没有画"壁画"过瘾。终于，他找到机会了——那天舅舅和舅妈带着小表妹来做客，趁着大人们聊天的工夫，他领着表妹痛痛快快地发挥了一次，将主卧室内没被家具挡住的白墙涂抹得色彩斑斓。当妈妈质问他时，陶陶矢口否认，说那全是表妹干的。

面对孩子的撒谎，父母怎样做呢？揭露孩子的谎言当然是父母必须担负的责任，可是该怎样揭发孩子的谎言才不会对孩子造成伤害呢？这就要看孩子撒谎的原因了。

其实，有的父母本身就存在言行不一的情况。如业务上的合作伙伴邀请你星期天小聚，而你恰恰出差回来疲惫不堪，但为了不让对方扫兴，你告诉人家星期天你刚好在外地；你无意购买保险并对保险推销员的锲而不舍感到厌烦，在他又一次打来电话时，你请家人告诉他你不在；或者，你对朋友送给你的手表赞不绝口，但在家里仔细端详它的时候却自言自语自己不喜欢这块表的款式……如果是这样的话，当我们揭露孩子说谎的时候，我们首先要向孩子道歉，并跟孩子约定自己以后也不说谎，跟孩子一起

努力。

如果孩子是因为怕父母责罚而说谎的话，那么，父母就要检讨一下自己的行为了。孩子做错了事，父母不是循循善诱、耐心教育，而是采取简单的说教或打骂、体罚，运用强制手段让孩子认错，造成孩子为了躲避成人的责罚而说谎。所以，当孩子做错事情的时侯，我们应该循循善诱，耐心对待，不要使用"大棒"政策，这样对孩子、对自己都不好。

孩子撒谎是一件非常不好的事情，一旦形成了习惯，纠正起来非常麻烦。教育孩子要诚实，就要抓住一切机会进行正确引导，有时则要给予适当的惩罚，让孩子懂得建立个人信誉的重要性。

教育孩子有错必改，敢作敢当

杰克·坎菲尔德是美国著名儿童心理学家。他一次谈到教育孩子的问题时，讲了两个故事。

第一个故事与他的女儿有关——有一次，他和妻子、女儿一起出去吃饭。席间，7岁的女儿碰翻了装满饮料的玻璃杯。她自个儿把桌子擦干净后，说："爸爸妈妈，我真想对你们说一声谢谢，因为你们没有像别的父母一样。我的朋友如果犯了这样的错误，他们的父母就会对他们大喊大叫，批评他们做事如何不小心。你们没有这样做，谢谢你们！"

第二个故事：一次，他和几位朋友聚餐。席间，发生了相同的事情。一个朋友5岁的儿子碰翻了一杯牛奶。孩子的父亲正要出语指责，杰克见状赶忙也故意碰翻了他面前的酒杯。他一面收拾残局，一面自嘲，说自己已经48岁了，还是这样不小心，仍然有把东西碰翻的时候。那孩子在一旁露出了笑脸。孩子的父亲也领会了杰克的意思，收住了欲出口的指责。

有时候，大人们的确容易忘掉，人生本来就是一个学习的过程。这两则故事中的大人知道，对于成长中的孩子来说，没有所谓的"犯错"，只有"经验"。成长是一个"错了再试"的过程，"失败"的经验和"成功"的经验一样可贵。

作为父母，我们不要怕孩子犯错。古人云："人非圣贤，孰能无过。"在人的一生中，谁都不可避免地会犯这样那样的错误。人为什么犯错？大概有两种原因：一种是觉得犯错正常就无视错误，可能带来的后果是一而

再，再而三的犯错；一种是犯了错而不去反思自己的行为，结果就在同一个地方两次、三次甚至四次、五次不停地摔倒。

既然犯错是每个孩子都不可避免的，那么，我们就要告诉孩子，犯错没有什么大不了，知错就改就是好孩子。古人也有句话叫："知错就改，善莫大焉!"

《世说新语》中有则周处知错就改的故事：周处年轻时，为人蛮横强悍，任侠使气，是当地一大祸害。义兴的河中有条蛟龙，山上有只白额虎，一起祸害百姓。义兴的百姓称他们是三大祸害，三害当中周处最为厉害。

有人劝说周处去杀死猛虎和蛟龙，实际上是希望三个祸害相互拼杀后只剩下一个。周处立即杀死了老虎，又下河斩杀蛟龙。蛟龙在水里有时浮起有时沉没，漂游了几十里远，周处始终同蛟龙在搏斗。经过了三天三夜，当地的百姓们都认为周处已经死了，皆大欢喜，对此表示庆贺。

结果周处杀死了蛟龙从水中出来了。他听说乡里人以为自己已死并为此庆贺的事情，才知道大家实际上也把自己当做一大祸害，不禁有了悔改的心意。

周处于是便到吴郡去找陆机和陆云两位有修养的名人。当时陆机不在，只见到了陆云，他就把全部情况告诉了陆云，并说："自己想要改正错误，可是岁月已经荒废了，怕终究没有什么成就。"陆云说："古人珍视道义，认为'哪怕是早晨明白了道理，晚上就死去也甘心'，况且你的前途还是有希望的。再说人就怕立不下志向，只要能立志，又何必担忧好名声不能传扬呢?"周处听后就改过自新，终于成为一名忠臣。

蔺相如因为"完璧归赵"有功而被封为上卿，位在廉颇之上。廉颇很不服气，扬言要当面羞辱蔺相如。蔺相如得知后，尽量回避、容让，不与廉颇发生冲突。蔺相如的门客以为他畏惧廉颇，然而蔺相如说："秦国不敢侵略我们赵国，是因为有我和廉将军。我对廉将军容忍、退让，是把国家的危难放在前面，把个人的私仇放在后面啊!"这话被廉颇知道后，就有了后来廉颇"负荆请罪"的故事。

"一人做事一人当"、"好汉做事好汉当"、"敢作敢当"，这几句话说的

就是无论什么事，既然是自己做的，就要坦然地承担此事的结果，无论是表扬还是批评，无论是荣耀还是耻辱。其实要做到这一点真的很不容易，因为坦然承认自己的错误并愿意承担因此带来的一切后果，需要很大的勇气！

不但承认了，而且是主动来承认，同时用行动去改正错误。如果我们每一个人都有这种态度对待自己的错误，那么可以相信，我们就能一点点地远离错误，消灭错误，前行的路会越来越顺畅。

当孩子做错事情的时候，父母不要对孩子大发脾气，甚至体罚孩子。我们应该教育孩子面对错误，要知错就改。在人的一生当中，谁都难免会犯大大小小的错误，如果在错误面前不反省不悔过，那么终有一天会迷失在错误的路途上。

所以，父母应该允许孩子在错误中成长和发展，父母应该做的是帮孩子分析错误的原因，引领孩子走出泥沼，不断进步。

灌输时间观念，纠正孩子的"拖拉"

深夜，一个病人迎来了他生命中的最后一分钟，死神如期来到他身边。

他对死神说："再给我一分钟好吗?"

死神回答："你要一分钟干什么?"

他说："我想利用这一分钟看一看天，看一看地。我想利用这一分钟想一想我的朋友和亲人。如果幸运的话，我还可以看到一朵绽开的花。"

死神说："你的想法不错，但我不能答应。这一切留了足够的时间给你，你却没有珍惜，你看一下这份账单：在你 60 年的生命中，你有三分之一的时间在抽烟、喝酒、看电视；三分之一的时间在睡觉；感叹时间太慢的次数达到了 10000 次，平均每天一次；你做事有头无尾、马马虎虎，使得事情不断重做，浪费了大约 300 多天。你无所事事、经常发呆；你经常埋怨、责怪别人，找借口、推卸责任；你在工作时间和同事呼呼大睡，你还和无聊的人煲电话粥；还有……"

说到这里，病人断了气。

死神叹了口气说："唉，真可惜，世人怎么都这样，还等不到我动手就后悔死了。"

我们为什么浪费了那么多时间? 时间宝贵，容不得我们这样浪费。

朱自清在他脍炙人口的散文《匆匆》里写道："洗手的时候，日子从水盆里过去；吃饭的时候，日子从饭碗里过去；默默时，便从凝然的双眼前过去；我觉察他去的匆匆了，伸出手遮挽时，他又从遮挽着的手边过去

……我掩着面叹息,但是新来的日子影儿,又开始在叹息里闪过。"

人一生最长的是时间,因为它永无穷尽;最短的也是时间,因为人们所有的计划都来不及完成。生命是由每一分一秒组成的,浪费时间,就是在消磨生命。

每个人的一生中总有许多美好的憧憬、远大的理想、切实的计划。假如我们能够抓住一切憧憬,实现一切理想,执行每一项计划,那我们的生命真不知要有多么伟大。可是,因为种种原因,我们总是没有时间来完成我们的梦想。

我们的孩子也不例外,他们也会在无形当中浪费很多时间。

一位家长说:"我儿子读小学五年级了,晚上做作业还要两三个小时才能完成,上学、吃饭等都拖拉。知道孩子拖拉不好,但是不知道怎么帮孩子改掉这个坏习惯。"

一位母亲这样说:"为了让儿子改掉做事拖拉的习惯,我和他爸爸想了很多办法,承诺他按时完成作业就带他出去玩、给他买喜欢的玩具,但好像都不太有效。"

一位妈妈如是说:"对于我提出的任何要求,我儿子一定会说'等等'或'过一会儿'。如果他做事能够雷厉风行的话,我会高兴得跳起来。他爸爸做事也总是拖拉,这让我烦恼极了。拖拉难道也会遗传吗?"

如果孩子总是这样,养成了拖拉的习惯,那么肯定会影响孩子的学习和日常生活。那么,如何改变孩子的这种现状呢?我们要给孩子灌输时间观念,让孩子学会管理时间。

美国著名的管理学者杜拉克在一家银行当顾问时,发现这家银行的总裁是很善于管理时间的人,也就是说,他有着极强的时间观念,非常注重自己的工作效率。他对所有无意义的事情有意忽略;不追求完美,但追求办事效果;对那些不重要的事情坚决说"不"。

杜拉克每月都要同这位总裁谈一次话,谈话中发现,总裁每次总是与他谈 1 小时 30 分钟,而每次晤谈,总裁事先都有充分的准备,所谈内容每次仅局限为一个题目,每当谈话时间进行到 1 小时 20 分钟时,总裁总是这

样对他说："杜拉克先生，我看我们该做个结论了，也该决定下一次谈什么题目了。"1小时30分钟一到，总裁马上就站起来握手告别。

还是银行总裁，当他思考问题时，不允许有任何电话来干扰他，只有他的夫人和美国总统例外。而美国总统很少来电话，他的夫人则深知他的习惯，从来不干扰他。当思考问题过后，他才会以30分钟时间来接电话和接待访客。

"快！快！快！为了生命加快步伐！"这句常常出现在英国亨利八世统治时代的留言条上，用来警告警示人们，旁边往往还附有一幅图画，上面是没有准时把信送到的信差在绞刑架上挣扎。当时还没有民办的邮政事业，信件都是由政府派出的信差发送的，如果在路上延误，要被处以绞刑。

在我们看来，这条法律太残酷了。但试想一下，假如不能按时完成任务，就会被处以绞刑，人们还会拖拖拉拉吗？相信人们一定能干脆利落地把事情办得很漂亮。同样道理，如果孩子本来有足够的能力可以把事情做得很好，但是孩子的惰性和"等明天再说"的坏习惯让他效率低下，作为父母，如果我们充当起"绞刑架"的作用，严格管教孩子，孩子的拖拉习惯是不是会有所改观呢？答案是肯定的。

美国混合保险公司的创始人史东说，"立即就做"是对他一生影响最大的一句话，这句话是小时候妈妈逼他遵守的一个行为习惯。他年轻的时候卖过报纸，从卖报纸的时候起，他就一直遵守"立即就做"的准则，后来他通过保险推销，训练了一批非常优秀的保险队伍，并成为百万富翁。

能管理时间，不浪费时间，做事不拖延，是孩子的良好品质，父母要注意培养孩子这种品质，不能有丝毫懈怠。

让孩子学会与他人分享

　　一位犹太教的长老，酷爱打高尔夫球。在一个安息日，他觉得手痒，很想去挥杆，但犹太教规定，信徒在安息日必须休息，什么事都不能做。这位长老却终于忍不住，决定偷偷去高尔夫球场，想着打九个洞就好了。

　　由于安息日犹太教徒都不会出门，球场上一个人也没有，因此长老觉得不会有人知道他违反规定。然而，当长老在打第二洞时，却被天使发现了。天使生气地到上帝面前告状，说某某长老不守教义，居然在安息日出门打高尔夫球。上帝听了，就跟天使说，会好好惩罚这个长老。

　　第三个洞开始，长老打出超完美的成绩，几乎都是一杆进洞，长老兴奋莫名。到打第七个洞时，天使又跑去找上帝：上帝呀，你不是要惩罚长老吗？为何还不见有惩罚？上帝说：我已经在惩罚他了。

　　直到打完第九个洞，长老都是一杆进洞。因为打得太超乎其技了，于是长老决定再打九个洞。天使又去找上帝了：到底惩罚在哪里？

　　上帝只是笑而不答。打完十八洞，成绩比任何一位世界级的高尔夫球手都优秀，把长老乐坏了。天使很生气地问上帝：这就是你对长老的惩罚吗？

　　上帝说：正是，你想想，他有这么惊人的成绩以及兴奋的心情，却不能跟任何人说，这不是最好的惩罚吗？

　　生活需要伴侣，快乐和痛苦都要有人分享。没有人分享的人生，无论面对的是快乐还是痛苦，都是一种惩罚。

106

原来当快乐不能分享时，竟然会变成一种惩罚。快乐如果能够分享，快乐会加倍；痛苦如果能够分担，痛苦会减少。

还有这样一个故事：20多年前，一个在美国长大的犹太裔青年到以色列访问，教堂神父给他讲了二战期间发生的一桩往事。

一个冬天，德国纳粹将犹太人驱赶在一起，用火车运往欧洲某地的集中营，火车必须经过漫长一夜才能到达目的地。欧洲冬季的深夜是那样的寒冷——而每6个人中只有一人能得到一条毯子御寒。但没有人争吵，没有人抢夺，因为，幸运分到毯子的那个人总会平静地将毯子铺开，和周围其他5人分享，分享这难得的温暖。

故事给年轻人很大的震撼和启发。

后来，他将这种理念引进到自己的企业，他不仅为公司的临时职工提供福利，还创立了美国企业历史上第一个"期股"形式，即让公司所有员工都获得公司的股权。此举开始时受到公司高层很多人反对，而且推行之初公司经营呈现亏损，但是，他坚持和员工分享公司利益的政策。他相信通过利益共享，与员工形成互相信任的伙伴关系，并将这种信任和真诚传递给顾客，股东的长期利益才会增加，这么做的效果比单纯广告宣传对公司的作用要大得多。事实证明他是正确的。公司不但业绩很快扭亏为盈，更被誉为全球最受尊敬的公司，股票市值在十多年间上升了100倍，市值达到300亿美元。

这位年轻人名叫霍华德·舒尔茨，他领导的公司就是当今全球最炙手可热的咖啡连锁店——星巴克。

列夫·托尔斯泰说过："神奇的爱，让数学失去了它应有的规律。同样的痛苦和爱，如果分享了，痛苦还是一个痛苦，但是爱却变成了两份。"分享被人类奉为一种美德，分享是获得，而自私有时代表着自己也得不到，而不是自己得到的少。

人生的成功也是如此。未来成功的新典范是，不在你赢过多少人，而在于你帮过多少人。你帮过的人愈多，服务的地方愈广，你成功的机会就愈大。

作为父母，当孩子拥有 6 个苹果的时候，千万不要让孩子把它们都吃掉，因为孩子把 6 个苹果全都吃掉，他也只吃到了 6 个苹果，只吃到了一种味道，那就是苹果的味道。如果孩子把 6 个苹果中的 5 个拿出来跟别人一起分享，尽管表面上他失去了 5 个苹果，但实际上他却得到了其他 5 个人的友情和好感。

而且以后，他还能得到更多。当别人有了水果的时候，也一定会和他分享，他会从这个人手里得到一个橘子，那个人手里得到一个梨，最后他可能就得到了 6 种不同的水果，6 种不同的味道，6 种不同的颜色，6 个人的友谊。

当孩子把苹果让给其他人的时候，父母一定要鼓励孩子的行为，赞赏孩子的举动。分享是一种豁达的心胸，更是一种智慧。一支独秀不是春，万紫千红才是美丽的春天。

父母一定要让孩子学会用他拥有的东西去换取对他来说更加重要和丰富的东西。孩子总是脱离不开集体的，要想在集体里生活，就必须学会在集体里做人的道理，那就是学会分享。

孩子的生活中会遇到各种各样的挫折困难，在风风雨雨中，孩子除了需要家庭，有时候也需要朋友在前进的道路上互相搀扶。周华健的歌曲《朋友》中有一句"朋友不曾孤单过，一声朋友你会懂……"充分说明了朋友是多么的重要。如果想要孩子交到知心朋友，一定要记住一个前提条件——学会和朋友去分享生活，分享痛苦和快乐。生命的丰富会因为孩子的分享而成倍地增长。

鼓励孩子与人分享，让孩子学会分享，将使孩子受益终生。

帮孩子练出一颗豁达之心

佛典中记载了这样一个关于心灵选择的故事：有位老禅师住在深山中。一日他很晚才踏着月光回家，到家时发现有个小偷正在他家偷窃。老禅师初见之时起了些微嗔怒之意，想将小偷抓住，但佛法的教诲令他放弃了这个念头，他选择了仁慈与宽容——脱下身上的长袍，静静地候在门外，等小偷出来之时，老禅师对小偷说："您大老远来看望，可我实在穷，没什么好让你拿的，就把这件长袍送你吧。"说着便将长袍塞在小偷手里。小偷有些惊慌，抓着长袍跑了。老禅师看着小偷远去的背影，又看看头上的明月，叹了口气："但愿我能将这轮明月送给他。"

第二日，当老禅师打开门时，发现他的长袍整整齐齐地放在门口，老禅师庆幸自己选择了仁慈，自语道："我终于送了一轮明月给他。"

还有一则阿拉伯的传说：两个朋友在沙漠中旅行，旅途中他们为了一件小事争吵起来，其中一个还打了另一个一记耳光。

被打的人觉得深受屈辱，一个人走到帐篷外，一言不语地在沙子上写下："今天我的好朋友打了我一巴掌。"

他们继续往前走，一直走到一片绿洲，停下来饮水和洗澡。在河边，那个被打了一巴掌的人差点被淹死，幸好被朋友救起来了。

被救起之后，他拿了一把小剑在石头上刻下了："今天我的好朋友救了我一命。"他的朋友好奇地问道："为什么我打了你后，你要写在沙子上，而现在要刻在石头上呢？"

他笑着回答说:"当被一个朋友伤害时,要写在易忘的地方,风会负责抹去它;相反,如果受到朋友帮助,我们要把它刻在心灵的深处,那里任何风都不能磨灭它。"

一个人的胸怀,可以像天空,像海洋,也可以像湖泊,像游泳池,像马蹄坑,甚至可以像针尖。生活中我们见过一些心胸狭窄的人,为了针尖大的小事,争得面红耳赤,打得头破血流,那样活着,不是很苦、很累、很可悲吗?美国著名的文学家爱默生说过:"宽容不仅是一种雅量、文明、胸怀,更是一种人生的境界。宽容了别人就等于宽容了自己,宽容的同时,也创造了生命的美丽。"

林肯总统素以对政敌宽容著称,后来引起一些议员的不满,议员建议他:对这些政敌你应该消灭他们!林肯微笑着回答:"当他们变成我的朋友时,不正是消灭了我的敌人吗?"多一些宽容,公开的对手也许会成为潜在的朋友。

作为父母,我们要教育孩子从小拥有豁达心胸,绝不能胸怀像马蹄坑一样小。拥有了宽广的胸怀,孩子才能明确人生的意义,才能活得更乐观,更有意义。

要想让孩子拥有豁达的心胸,首先要让孩子保持宽容的心态,不要凡事斤斤计较。当孩子受到委屈时,父母要积极正面开导孩子,不要让他对人、对事产生仇视、报复心理。

这个故事来自一个翻译的叙述:在泰国的一个度假村,那时我在那里担任中英文的翻译。有一天,我在大厅里,突然看见一位满脸歉意的工作人员,正在安慰一位大约4岁的西方小孩,小孩已经哭得筋疲力尽了。问明原因之后,我才知道,原来那天孩子较多,这位工作人员一时疏忽,在儿童的网球课结束后,清点人数少算了一位,将这位小朋友留在了网球场。等她发现人数不对时,才赶快跑到网球场,将这位小孩带回来。小孩因为一人在偏远的网球场,饱受惊吓,哭得稀里哗啦的。现在孩子的妈妈出现了,看着自己哭得惨兮兮的小孩。

如果你是这位妈妈,你会怎么做?是痛骂那位工作人员一顿,还是直

接向主管抗议，或是很生气地将小孩带离开，再也不参加"儿童俱乐部"了？

都不是！我亲眼看见这位妈妈，蹲下来安慰4岁的小孩，并理性地告诉他："已经没事了。那位姐姐因为找不到你而非常地紧张难过。她不是故意的，现在你必须亲亲那位姐姐的脸颊，安慰她一下！"

当时只见那位4岁的小孩踮起脚尖，亲了亲蹲在他身旁的工作人员的脸颊，并且轻轻地告诉她："不要害怕，已经没事了。"

这位妈妈看来是理性的，我们的中国妈妈会这样做吗？让孩子宽容别人不仅给别人带来了好的境遇，同时也让自己更愉快。

此外，父母还要发挥榜样的力量，当孩子犯错误的时候要包容孩子。只有我们包容了孩子，孩子才能懂得去包容别人。

"金无足赤，人无完人。"任何事物都不可能完美，都有其两面性。孩子也一样，既有优点，也有缺点。不要因为孩子有了一点小毛病、一个小缺点，我们的父母就如临大敌，对孩子严加训斥，甚至拳脚棍棒相加。为什么父母就不能容忍孩子的错误呢？

每个孩子的能力都是不同的，他们总会在一些方面有不足甚至是缺陷。这时候，如果连父母都看不起他们，甚至嘲笑他们，那孩子会更加自卑，甚至自暴自弃，从而毁了孩子的一生。

所以，赏识孩子，不仅仅表现在夸奖孩子的优点和长处，也不仅仅是激励孩子更加努力和勇敢，还包括正确对待孩子的缺点、短处乃至孩子可能永远无法改变的缺陷。

父母宽容孩子的缺点，可以帮助孩子树立自信，克服缺点，弥补缺陷，从而健康地成长；父母宽容孩子的缺点，孩子由此便会懂得去宽容别人。

第五章

一个好点子开启一道成才门

　　思维创新，作为一种高级的理性活动，从来就是一切创新的基础和源泉。恩格斯曾经指出，当技术浪潮在四周汹涌澎湃的时候，最需要的是更新、更勇敢的头脑。这里所说的"更新、更勇敢的头脑"就是思维的创新活动。

　　创新思维是人类最高层次的思维，它是创新教育的核心。创新是被所有华尔街精英们所推崇的。作为父母，培养孩子的创新精神，必须着力于培养孩子的创新思维能力。

华尔街是想法和创意的集合

《福布斯》是美国最有名的财经杂志。1954 年，杂志创始人老福布斯去世后，他一手创办的家业由大儿子布鲁斯·福布斯接管，《福布斯》杂志继续稳定向前发展。1964 年布鲁斯因病去世，他的弟弟马尔克姆·福布斯成为了杂志的出版商，在他手中，《福布斯》迎来突飞猛进的黄金时代。

马尔克姆把自己塑造成一个生活奢华、一掷千金而面不改色的财富英雄，让那些比他更有钱的人也不得不崇拜他。他常常在豪华游艇上举办排场盛大的宴会，来者都是大公司的 CEO 和名流显贵。他的醉翁之意不仅仅是显阔，主要还是为了搞好与广告客户的合作关系。

1973 年，马尔克姆创下乘热气球横跨美国的壮举，让他成为家喻户晓的大明星，即使那些对财经新闻没有兴趣的普通民众，也牢牢记住了《福布斯》这个名字。

时至今日，史蒂夫在评价父亲马尔克姆奢侈生活作风时说：他当年讲究排场是有意识对杂志进行的一种宣传。

不容否认的是，花花公子作派的马尔克姆确实拥有惊人的商业头脑，他创意的富豪排行榜将《福布斯》杂志推向了成功的巅峰。1982 年马尔克姆力排众议，聘请了一位资深编辑编制"全美 400 首富排行榜"，在克服了重重困难之后，在当年的 9 月份推出了该榜。首富榜一炮打响，并成为了《福布斯》的标志和品牌。

1987 年在《福布斯》创刊 70 周年纪念晚会中，马尔克姆用直升机运

载 1000 多名各界名流进进出出，仅请来的乐队开支就高达 200 万美元。但这场晚会的收入却远远大于支出，因为前来的贵宾多为商业巨子，他们来参加活动的前提是在《福布斯》70 周年的纪念刊上做广告，这些广告的收益远远超过宴会的支出。据说，仅该次活动福布斯家族创收 1000 万美元。

举行盛大宴会目的是搞好和客户的合作关系；乘热气球横跨美国目的是打开知名度；创意排行榜打造标志和品牌；周年纪念搞活动挣得广告收益。在马尔克姆一个接一个的天才创意助推下，上世纪七八十年代《福布斯》步入了一个鼎盛时期，风头盖过了《财富》和《商业周刊》，成为美国浮华资本主义世界名副其实的代言人。

还有这样一个有关创新的有趣故事：上个世纪 40 年代，纽约的一家银行来了一位妇女，要求贷款 1 美元。经理回答，当然可以，不过需要她提供担保。

只见妇女从皮包里拿出一大堆票据说："这些是担保，一共 50 万美元。"经理看着票据说："您真的只借 1 美元吗？"妇女说："是的，但我希望允许提前还贷。"经理说："没问题。这是 1 美元，年息 6%，为期 1 年，可以提前归还。到时，我们将票据还给你。"

虽然心存疑惑，但由于那妇女的贷款没有违反任何规定，经理只能按照规定为妇女办了贷款手续。当妇女在贷款合同上签了字，接过 1 美元转身要走的时候，那经理忍不住问："您担保的票据值那么多钱，为何只借 1 美元呢？即使您要借三四十万美元，我们也很乐意。"

妇女坦诚地说："是这样的，我必须找个保险的地方存放这些票据。但是，租个保险箱得花不少的费用，放在您这儿既安全又能随时取出来，一年只需要 6 美分，划算得很。"

妇女的一番话让经理恍然大悟，茅塞顿开。

在不违反规则的情况下，有两种情况出现：一种就是钻法律的空子去获得一些非常的财富，这样的财富最后往往也都会出现问题；另外一种就是充分运用规则，通过创新思路来获得心安理得的财富。

创新思维是不拘泥于惯常思维的思维，是一个人独特的有见解的思维，

是改组原有知识、经验而建构新知识体系的思维。创新思维是一个人智慧的源泉。创新思维是一个企业前进的能力。唯有创新，才能让人的能力发挥到极致，永不停息。

作为父母，我们当然需要孩子享有这样的能力。创新思维不是天生就有的，它是通过人们的学习和实践不断培养和发展起来的，所以，家长有能力把孩子培养成有创新意识和能力的孩子。

当然，任何创意都不会离开兴趣。黑格尔说过："要是没有热情，世界上任何伟大事业都不会成功。"我国伟大的教育家孔子说："知之者不如好之者，好之者不如乐之者。"兴趣是最好的老师，兴趣是感情的体现，是孩子学习的内在因素。事实上，只有感兴趣才能自觉地、主动地、竭尽全力去观察它、思考它、探究它，才能最大限度地发挥孩子的主观能动性，容易在学习中产生新的联想，或进行知识的移植，做出新的比较，综合出新的成果。

任何创意都离不开问题的催生。苏格拉底曾说："问题是接生婆，她能帮助新思想的诞生。"善于提出问题或发现问题是孩子自主学习与主动探求知识的生动表现。质疑的同时，能大胆地对问题提出不同的见解，不但培养孩子发现问题的能力，而且也培养了孩子的创新能力。

总之，作为父母，我们要以信任和鼓励的态度来肯定孩子的发现，尊重、理解、宽容地对待孩子。只有我们相信孩子会取得进步，同时注意给予积极的评价，孩子才能处于轻松、愉悦的环境中去发现问题、解决问题，他们的创造思维才能得以发展。

调动求知欲，让思考与孩子同在

知识是人类的生命，没有了知识，人类就缺少生命力，缺少了前进的动力。善于学习知识，善于运用知识，才能成为思想敏锐，有智慧，有力量的人。求知的过程应是一个思考的过程，在求知过程中不断地思考，才能有所发现。

"越过那座山会有什么呢?"

"大海的另一边是哪一个国家呢?"

"猴子为什么会变成人?"

"电灯为什么发光?"

孩子们都想要知道一些自己不知道的事，他们对很多事情都充满了求知欲。孩子最初的求知欲表现属于好奇心、对周围的许多事物都感到新鲜，喜欢去看、去摆弄。

英国著名科学家焦耳从小就很喜爱物理学，他常常自己动手做一些关于电、热之类的实验。

有一年放假，焦耳和哥哥一起到郊外旅游。聪明好学的焦耳就是在玩耍的时候，也没有忘记做他的物理实验。

他找了一匹瘸腿的马，由他哥哥牵着，自己悄悄躲在后面，用伏达电池将电流通到马身上，想试一试动物在受到电流刺激后的反应。结果，他想看到的反应出现了，马受到电击后狂跳起来，差一点把哥哥踢伤。

尽管已经出现了危险，但这丝毫没有影响到爱做实验的小焦耳的情绪。

他和哥哥又划着船来到群山环绕的湖上，焦耳想在这里试一试回声有多大。他们在火枪里塞满了火药，然后扣动扳机。谁知"砰"的一声，从枪口里喷出一条长长的火苗，烧光了焦耳的眉毛，还把哥哥吓得险些掉进湖里。

这时，天空浓云密布，电闪雷鸣，刚想上岸躲雨的焦耳发现，每次闪电过后好一会儿才能听见轰隆的雷声，这是怎么回事？焦耳顾不得躲雨，拉着哥哥爬上一个山头，用怀表认真记录下每次闪电到雷鸣之间相隔的时间。

正是强烈的求知欲驱使着焦耳不断地思考，不断地解决一个个新问题，使他最终成为了一个成功的物理学家。兴趣是求知欲的通道。强烈的求知欲并不是人人都有的，孩子缺乏求知欲，通常并非父母的影响或者严格要求不够，而是孩子的兴趣被阻塞了。

1981年冬天，一位正努力寻找自我定位的年轻物理学家，与来日无多的物理大师费曼展开了长达两年的深入对话。在关于科学、关于人生的思索中，绽现了20世纪传奇科学家费曼最后的智慧之光。

科学顽童费曼对各种事物都拥有出人意料的洞见，而他充满悟性与活力的生命态度，也帮助了一位急切而彷徨的年轻人重新思索科学的本质，并对人生产生了全新的见解。后来也就有了《费曼的彩虹》这本书。书中有这样一段对话：

"你知道是谁最早解释彩虹的由来吗？"我问。

"笛卡尔。"他轻声回答

过了一会儿，他直视着我，问道："那你觉得彩虹的哪一个特色，让笛卡尔产生作数学分析的灵感？"

"哦，其实彩虹是圆锥体的一段，当水底被来自后方的光线照射时，会呈现出弧状的光谱颜色。"

"然后呢？"

"我想他的灵感来自于他发现可以藉由思考单一的水滴，以及它的几何位置来分析这个问题。"

"你忽略了这个现象一个重要的特色。"他说。

119

"好吧，我放弃。你认为是什么启发了他的理论？"

"我会说他的灵感来自于他认为彩虹很美。"

事实上，笛卡尔因为什么产生了数学分析的灵感，没有人知道，你可以有各种理解，而你的回答也反映了你自己的人生态度。费曼认为，笛卡尔是因为喜欢彩虹的美丽才去研究的。这也就从侧面反映出，费曼认为，你需要做的事情应该是自己真正想要做的。

因为只有孩子追求自己真正想要的东西，内在欲望产生的强烈渴求才会一直激励他去奋斗，会使他集中所有的精力达到他魂牵梦萦的目标。退一步而言，即使失败了，他也绝不会后悔，因为起码他自己明确知道自己需要什么，没有得到只是暂时的，有目标就有希望，也就更接近成功。否则，孩子只会在成功之后感到失落，因为他得到的并不是自己真正想要的。

求知欲是对知识的学习具有一种内在的渴望，按照我们的话说，就是"爱学"。孩子只有"爱学"，对获得丰富的知识和好的成绩具有一种内在的持续的追求愿望，才可能"学好"，并持续地保持好成绩。然而有了兴趣并非万事大吉，在孩子的求知过程中，思考这一环节也是必不可少的。作为父母，需要特别重视培养孩子的思考能力。

爱因斯坦带过两个学生，其中有一个学生天天在看书。爱因斯坦早晨来的时候，发现这个学生就在看书；晚上来的时候，发现这个学生还在看书。爱因斯坦就问他："你早晨看书吗？"

学生回答："是的，先生，我早晨在看书。"

爱因斯坦接着问："那么你中午也在看书吗？"回答是中午也在看书。

爱因斯坦问："那你晚上也在看书啊？"

这个学生心想老师是不是要夸奖我了，就赶紧说："我晚上也在看书。"

没想到，爱因斯坦这样问："那你什么时候在思考？"

思考是有所发现、有所突破、有所创造的前提。没有思考的能力，谈不到创造，只能亦步亦趋，照猫画虎。可以说没有独立思考，社会不能进步，科学不能发展。

孩子的思考能力，关乎孩子今后的成长之路，父母绝对不能忽视。

进行问号式教育，鼓励孩子提出问题

我们都知道，有些新车族的很多事故往往是在紧急状态下该踩刹车的时候，由于慌张而错踩到油门上而造成的。这一踩，势必会事与愿违，造成严重的事故。

一个17岁的上海中学生就此事提出了问题：怎样才能排除这种事故呢？能不能把本想刹车却踩错油门的情况区别开来？于是，她建议设计一个装置，这个装置能够在很短的时间里判断出误踩的情况。假如司机用很大的力气"砰"地一脚踩下去，错踩到了油门上，油门上的特殊传感器马上可以感应出来，判断出司机的目的是为了踩刹车，进而自动把油门断掉，把刹车启动。因为，踩油门绝不会突然用这么大劲儿。

这个上海中学生提出的建议是可以实现的吗？专家们认为，一切都有可能。只要经过努力，完全可以设计出这种装置。特别令人兴奋的是，这个小小的问题，如果可以实现，竟然有将近60亿元的市场价值含量。

在创新的道路上，当我们找不到方法的时候，就要找问题。问题找到了，办法自然就出来了。在创新的道路上，永远没有可以嘲笑的提问者。

爱因斯坦认为："提出一个问题往往比解决一个问题更重要，因为解决问题也许仅仅是一个数学上或实验上的技能而已，而提出新的问题，新的可能性，从新的角度去看待旧的问题，却需要有创造性的想象力，而且标志着科学的真正进步。"

巴尔扎克曾说："问号是开启任何一门科学的钥匙。"

121

陶行知先生也说："只有民主才能解决最大多数人的创造力，而且使最大多数人之创造力发挥到最高峰。"

提出问题对孩子来说如此重要，所以，在平时生活中，父母要鼓励孩子提出问题。提出问题的能力越强就越有创新能力。在学习过程中，孩子难免会遇到一些疑难问题。鼓励孩子提出问题才是父母的明智之举。

1921 年，印度科学家拉曼在英国皇家学会上作了声学与光学的研究报告后，取道地中海乘船回国。甲板上漫步的人群中，一对印度母子的对话引起了拉曼的注意。

"妈妈，这个大海叫什么名字？"

"地中海！"

"为什么叫地中海？"

"因为它夹在欧亚大陆和非洲大陆之间。"

"那它为什么是蓝色的？"

年轻的母亲一时语塞，求助的目光正好遇上了在一旁饶有兴味倾听他们谈话的拉曼。拉曼告诉男孩："海水所以呈蓝色，是因为它反射了天空的颜色。"

在此之前，几乎所有的人都认可这一解释。它出自英国物理学家瑞利勋爵，这位以发现惰性气体而闻名于世的大科学家，曾用太阳光被大气分子散射的理论解释过天空的颜色，并由此推断，海水的蓝色是反射了天空的颜色所致。

但不知为什么，在告别了那一对母子之后，拉曼总对自己的解释心存疑惑，那个充满好奇心的稚童，那双求知的大眼睛，那些源源不断涌现出来的"为什么"，使拉曼深感愧疚。作为一名训练有素的科学家，他发现自己在不知不觉中丧失了男孩那种到所有的"已知"中去追求"未知"的好奇心，不禁为之一震！

拉曼回到加尔各答后，立即着手研究海水为什么是蓝的，发现瑞利的解释实验证据不足，令人难以信服，便决心重新进行研究。

他从光线散射与水分子相互作用入手，运用爱因斯坦等人的涨落理论，

获得了光线穿过净水、冰块及其他材料时散射现象的充分数据，证明出水分子对光线的散射使海水显出蓝色的机理，与大气分子散射太阳光而使天空呈现蓝色的机理完全相同。进而又在固体、液体和气体中，分别发现了一种普遍存在的光散射效应，被人们统称为"拉曼效应"，为 20 世纪初科学界最终接受光的粒子性学说提供了有力的证据。

1930 年，地中海轮船上那个男孩的问号，把拉曼领上了诺贝尔物理学奖的奖台，成为印度也是亚洲历史上第一个获得此项殊荣的科学家。

拉曼因为男孩的提问，于是无数次地提问自己，最终解释了"海水为什么是蓝的"这一问题。看来，只有提问，才会有发现，才会有创新。

在美国课堂上，大家就能感受到，美国的课堂教育方式最大的特点是强调互动，主要目标是培养孩子主动思考、提出问题的能力。课堂上，老师主要是讲述基本观点、基本理论、学习方法，然后与孩子展开讨论。孩子课堂环境轻松，有不懂的问题，可以随时打断老师的讲话进行提问。学生提问越多，老师就越高兴，因为在美国这是对他讲课水平的肯定和基本的尊重。所有问题，老师都会认真回答，若遇到不清楚的问题，会记载下来，课后通过邮箱答复，十分认真。

作为父母，当孩子向我们提出问题时，要耐心地回答孩子的提问，还要主动、积极地去发问。如果你陪孩子去参观一个摄影展览，对于展出的作品，你可以发现他的兴趣点，可以一起去讨论，去评价，更可以问他一些问题：为什么认为这个作品好，你的理解是什么？别人的理解是什么？为什么有不同？

如果你陪孩子参观一个科技展，则他的问题会更多：这是什么材料？这个设施有什么功能？……对于这些，可以鼓励他多问问展台的工作人员，当你碰到孩子提的问题一时难以解答时，千万不要厌烦或简单化处理，最好是告诉孩子："这个问题还真难，我们也不太清楚，等我查查书，或问问其他朋友后告诉你。"而且要说到做到。当然，现在有互联网，可以和孩子一起查一查感兴趣的问题。

鼓励孩子不迷信权威

　　世界上如果没有光，就会变成一片黑暗。但是光究竟是什么呢？有人从光柱、光线、平面镜的反射，想到光就像下雨天的"雨线"，是由一个一个光微粒组成的。另外一些人从石头丢进水中激起的水波得到启发，认为光是空间存在的"以太"的波动。从17世纪到19世纪，持以上两种看法的科学界两派展开了激烈的争论。其中一派的代表人物就是荷兰人惠更斯。

　　17世纪下半叶，世界的科学权威是牛顿。牛顿认为光是一种微粒流，并用它解释光的直线传播、镜面反射、界面折射等现象。但是，惠更斯却持不同看法，他认为微粒说不能解释更复杂的绕射、干涉等现象，他建立了光的波动说，主张光是以太波，而且成功地解释了光的反射、折射、双折射等微粒说所不能解释的现象，从而打破了微粒说独占科坛的局面。由于牛顿的声望高，多数人支持微粒说，惠更斯成了孤立的少数派。但他不迷信权威，坚持独立见解。

　　事实上光的微粒说、波动说都从不同的侧面反映了光的本性。在此基础上发展起来的近代物理表明，光同时具有波动性和粒子性。可见惠更斯没有迷信牛顿这一权威人士的发现，而是积极探索，为人类作出了伟大的贡献。

　　伽利略17岁那年，考进了比萨大学医科专业。他喜欢提问题，不问个水落石出决不罢休。

　　有一次上课，比罗教授讲胚胎学。他讲道："母亲生男孩还是生女孩，

是由父亲的强弱决定的。父亲身体强壮，母亲就生男孩；父亲身体衰弱，母亲就生女孩。"

比罗教授的话音刚落，伽利略就举手说道："老师，我有疑问。"

比罗教授不高兴地说："你提的问题太多了！你是个学生，上课时应该认真听老师讲，多记笔记，不要胡思乱想，动不动就提问题，影响同学们学习！"

"这不是胡思乱想，也不是动不动就提问题。我的邻居，男的身体非常强壮，可他的妻子一连生了 5 个女儿。这与老师讲的正好相反，这该怎么解释？"伽利略没有被比罗教授吓倒，继续反问。

"我是根据古希腊著名学者亚里士多德的观点讲的，不会错！"比罗教授搬出了理论根据，想压服他。

伽利略继续说："难道亚里士多德讲的不符合事实，也要硬说是对的吗？科学一定要与事实符合，否则就不是真正的科学。"比罗教授被问倒了，下不了台。

后来，伽利略受到了校方的批评，但是，他勇于坚持、好学善问、追求真理的精神却丝毫没有改变。正因为这样，他才最终成为一代科学巨匠。

爱迪生小时候因为爱问为什么让老师下不了台，辍学后，他对大自然充满了好奇。他可以专心看榆树叶芽怎么生长，秋风如何使枫叶变色；为了孵化小鸡，他可以长时间趴在鸡窝里；为了探索蜂巢的奥秘，他宁愿被蜇得鼻青脸肿。他最终成为举世罕见的"高产"发明家，一生中有 2000 多项发明。

惠更斯、伽利略、爱迪生都没有迷信权威，而是通过自己的独立思考和研究，向权威提出了挑战。只有不囿于权威的定论才能有所突破。作为父母，我们应该引导孩子不迷信权威，不迷信书本，善于提出自己的见解，敢于提出与老师、与课本不同的意见。

有这样一个小故事：在课堂上，哲学家苏格拉底拿出一个苹果，站在讲台前说："请大家闻闻空气中的味道。"一位学生举手回答："我闻到了，是苹果的香味！"苏格拉底走下讲台，举着苹果慢慢地从每个学生面前走

过，并叮嘱道："大家再仔细地闻一闻，空气中有没有苹果的香味？"这时已有一半学生举起了手。苏格拉底回到了讲台上，又重复了刚才的问题。这一次，除了一名学生没有举手外，其他的全都举起了手。苏格拉底走到了这名学生面前问："难道你真的什么气味也没有闻到吗？"那个学生肯定地说："我真的什么也没有闻到！"这时，苏格拉底向学生宣布："他是对的，因为这是一只假苹果。"这个学生就是后来大名鼎鼎的哲学家柏拉图。

据报道，在对北京 10 所中学的 1200 个学生学习问卷调查中，敢于课后向老师提出问题的占 66.8％，敢于课堂向老师提出问题的占 21.5％，敢于当堂纠正老师错误的占 5.5％。一位外籍老师在提及中外学生差异时说："中国那么多优秀的学生，为什么在课堂上不踊跃提问呢？"的确，在当代中国的学生中确实存在这个问题。

作为父母，鼓励孩子突破权威的圈围，首先要让孩子敢于质疑老师。有的孩子在课上不敢质疑老师，害怕老师批评自己。这时，我们要鼓励孩子，质疑老师的答案和与老师作对是两码事，不要认为跟老师意见不同就是和老师捣乱。其实，在课堂上，老师是喜欢同学质疑的。没有不喜欢学生思考的老师，更没有不尊重科学的老师。

同时，父母还要告诉孩子，老师因为你提出和他不一样的答案而批评你，这是老师的错；但是，如果你提出的问题根本就没有通过认真思考，那么，这是你自己的错。要让孩子学会在提出任何质疑的时候都要经过认真的思考，不能人云亦云。

不给孩子的思维套上枷锁

公司招聘职员，有一道试题是这样的：一个狂风暴雨的晚上，你开车经过一个车站，发现有 3 个人正苦苦地等待公交车的到来。第一个是看上去濒临死亡的老妇，第二个是曾经挽救过你生命的医生，第三个是你的梦中情人。你的汽车只能容得下一位乘客，你选择谁？

每个人的回答都有他的理由：选择老妇，是因为她很快就会死去，你应该挽救她的生命；选择医生，是因为他曾经救过你的命，现在是你报答他的最好机会；选择梦中情人，是因为如果错过这个机会，也许就永远找不回她（他）了。

在 200 个候选人中，最后获聘的一位答案是什么呢？"我把车钥匙交给医生，让他赶紧把老妇送往医院；而我则留下来，陪着我心爱的人一起等候公交车的到来。"

"自己从车上下来"，这不失为一个创造性的想法。我们常常会被"非此即彼"的思维模式所限，自己"从车上下来"，抛开思维的固有模式，我们可以获得更多。

作为父母，我们都知道这种创造性思维的重要性。可是，当孩子思维活跃的时候，我们却往往利用家长这个权威的身份，扼杀了孩子的创新思维。我们忽视了孩子思考的世界，丝毫没有给予其应有的尊重。

美国加利福尼亚州中学生的考试平均成绩在 50 个州里排在倒数几名，

127

但是加州科技人员的发明和专利总数则居全美第一位,加州近10年的经济增长率也一直远远高于其他各州。这种"矛盾"现象怎样解释呢?

加州哈岗拉朋特联合学区教育总监约翰·克拉马听到记者的这个提问,则连连摇头:"不矛盾。至少在我们看来一点也不矛盾。"他对此的解释是,局外人看到的只是加州中学生的一个侧面,却忽略了他们身上最宝贵的财富——创造性思维。

加州之所以在科技、经济等方面处于领先地位,最主要的一个原因就是加州的教育制度更注重鼓励学生的创造性思维。他说:"从学生时代起就养成创造性思维方式,以后无论从事何种工作都可能超越前人。"

创造性思维是加州科技人才辈出的原因,那么究竟什么是创造性思维呢?创造性思维就是不受现成的常规的思路的约束,寻求对问题的全新的独特性的解答和方法的思维过程。创造性思维是相对于传统性思维而言的,是所有人都有的。但是,并不是所有的人都能够用它,大量的创新思维在孩子的成长和受教育过程中被埋没或扼杀了。

比如小孩问妈妈:"妈妈,天上有一个太阳,会不会有两个太阳?"

妈妈说:"瞎说。国无二君,天无二日。怎么会有两个太阳?"

妈妈这种传统性的回答,泯灭了孩子的创新思维的发挥。

有个母亲,因为孩子把她刚刚买回来的一块金表当做新鲜玩具拆卸而弄坏了,就狠狠揍了孩子一顿,并把这件事情告诉了孩子的老师,老师幽默地说:"恐怕一个中国的爱迪生被枪毙了。"

接着老师进一步分析:"孩子这种行为是创造力的表现,你不该打孩子。要解放孩子的双手,让他从小有动手机会。"

"那我现在应该怎么办?"这位母亲听了老师的话,觉得很有道理,再仔细想想自己的行为,感到有些后悔。

"补救的办法是有的。"老师接着说道,"你可以和孩子一起把金表送到钟表铺,让孩子站在一旁看修表匠如何修理。这样,修表铺就成为学习的

课堂，修表匠成了先生，你的孩子就成了学生，修表费成了学费，孩子的好奇心就可以得到满足了。"

这位老师就是著名的教育家陶行知先生。陶行知先生是创造教育的倡导人之一，他认为人的创造是根本之根本，而教育的一个宗旨就是激发孩子的创造力。

孩子开始认识世界，对一切充满好奇，这正是启发孩子创新思维的最佳时机。如果父母没有及时适当地引导孩子，这种创新思维就很难顺利发展。

在生活中，父母有很多行为在无意中阻止了孩子创新思维的形成。在此，我们列举种种，以期父母警钟长鸣。

（1）遇事先把结果告诉孩子，是非曲直都被编好"程序"，孩子失掉了体验和探索的机会。

（2）不允许孩子对老师说"NO"，不允许孩子挑战"师道尊严"，固守"一日为师，终生为父"等传统观念。然而，不敢对老师说"NO"的孩子，不可能做到"吾爱吾师，吾尤爱真理"，当然，也不可能超越老师。

（3）处处设置清规戒律，害怕孩子越轨或犯错误。前怕狼，后怕虎，总是怕孩子越轨，总是怕孩子犯错误，到处设置障碍，把孩子的天地圈得越来越狭小，人为地限制了孩子的自由空间，使得孩子谨小慎微、患得患失。

（4）凡事都要求必须有一个明确的结果。孩子年纪越小，想象力越丰富，用大人的逻辑去抑制孩子的想象力，不利于培养孩子的创新思维。

（5）容不得孩子的固执。有主见的孩子，常常都可能比较固执。孩子没有了主见、没有了固执，就不可能百折不挠地奔向既定目标，就可能"墙头草"般地随风倒。固执不一定是贬义词。许多时候，固执也是一种执著。

（6）总是用正确的逻辑和科学的事实去压制孩子的想象。"插上翅膀的

马"是不符合逻辑和科学事实的，但这表现了想象力和形象思维。

（7）总是用过去正确的经验来引导孩子、告诫孩子。经验的正确性是受时间和空间的条件限制的。总是拿父辈的经验来指引孩子，孩子就难以逾越时间和空间的限制，去追求更高的境界。

只有父母放开手，让孩子大胆地去做，才能放飞孩子的思维。

永远不要给孩子肯定答案

一天，塞德尔兹与哈塞先生正在就孩子爱提问题这个话题进行讨论。哈塞先生说："小孩子有时真的很烦，他那张嘴整天都没有停过，叽叽喳喳不停地问这问那，我的头都快要被他吵炸了。"

就在此时，小塞德尔兹走了过来。他手里拿了一本达尔文的进化论的少儿读本，书中用生动的笔调描述了生物进化的过程，并且配有极为有趣的插图。

"爸爸，进化论中说人是由猴子变来的，这是对的吗?"儿子问道。

"我不知道是否完全对，但达尔文的理论是有道理的。"

"可是既然人是由猴子变的，那么为什么现在人是人，猴子仍然是猴子?"儿子问。

"你没有看见书是这样写的吗? 猴子之中的一群进化成了人类，而另一群却没有得到进化，所以它们仍然是猴子。"塞德尔兹说道。

"这恐怕有问题。"儿子怀疑地说。

"什么问题?"

"既然是进化论，那么猴子们都应该进化，而不光是只有一群进化。"

"为什么这样说?"

"我觉得另一群猴子也应该得到进化，变成一群能够上树的人。"

这时，哈塞先生的脸上流露出极不以为然的神色，他的眼光似乎是在

说："看你有多大的耐心。"

"那是不可能的，因为事实上是猴子当中的一部分没有得到进化……"塞德尔兹说。

"为什么?"儿子仍然不放过这个问题。

于是，塞德尔兹只能尽自己所知向他讲明其中的原因："据我所知，一群猴子由于某种原因不得不在地面上生存，它们的攀缘能力逐渐退化，而且又学会了直立行走，经过漫长的进化变成了人类；另一群猴子仍然生活在树上，所以没有得到进化。"

"我明白了。可是为什么要进化呢? 如果人能够像猴子那样灵活不是更好吗?"儿子又开始了另一个问题。

"虽然在身体和四肢上猴子比人灵活，但人的大脑是最灵活的。"塞德尔兹说道。

"大脑灵活有什么用呢? 又不能像猴子那样可以从一棵树跳到另一棵树上。"儿子说道。

"身体灵活固然好，但只有身体上的优势是远远不够的，大脑的灵活才是最重要的，因为只有这样才能创造出文明。"

"为什么要创造文明?"儿子问道。

"因为文明代表着人类的进步。"塞德尔兹说道。

就这样，儿子的问题一个又一个地如潮水般涌来，他的很多问题在成年人看来非常可笑而毫无根据，但即使这样，塞德尔兹也尽力不让他失望。

"塞德尔兹博士，我真佩服你的耐心。"哈塞先生说道。

塞德尔兹说："其实也并非我的耐心比其他人好，只不过我认识到认真回答孩子问题方式的重要性，因为只有这样才能够培养起他的探索精神，而不是将这宝贵的品质抹杀掉。"

塞德尔兹博士一语道破天机的回答，给我们父母很大的启示。在现实生活中，提问是孩子对事物感到好奇、探究问题结论的思维活动，也是孩子思维发展水平提高的主要标志，所以父母应该正确对待孩子的提问，回

答要给孩子留有思考的余地，使之解除疑惑，掌握粗浅的知识和技能，以发展智力，形成能力。

孩子对事物产生疑问，表明他大脑活动有了飞跃性进展，这正是培养他独立思考能力的大好机会。但如果你给孩子作出肯定的回答，就等于让他失去了一次独立思考的机会。

有位心理学家曾经实验研究"中断课题的再行倾向"问题。结果表明，如果对某一课题一知半解时中断研究，就会产生紧张感，想要解决的欲望会更加强烈。就像我们看推理小说，看了一半被中断了，想知道结果的心情会更加高涨。推理小说或电影正是利用了这种心理，故意把故事说一半，留下结尾以吸引人。同样的道理，你不给孩子肯定的答案，让孩子继续思考，这样不但能激发孩子自己解决问题的积极性，而且能使孩子更加努力地去寻求答案。当然在这个引导过程中要注意保护孩子对问题的兴趣。

作为父母，如果你想锻炼孩子的创造性思维，那么就要巧妙回答孩子的提问，不要给孩子肯定答案，要善于用启发式的回答。

当孩子提出一个问题时，如果问题不是太难，孩子自己动脑筋后能够回答，父母就不必将问题的答案说出来，而要对孩子进行启发，鼓励孩子从多个角度去观察、去思考。如孩子提出"水是怎样流动的"，这个问题通过做一个小实验孩子会自己得到答案的，这个时候，父母可以和孩子一起来做下面小实验：用硬纸板做一水槽，在水槽中倒上水，然后将水槽变成一头高一头低，这个时候让孩子注意观察，孩子会发现水是由高处往低处流的。

当不能准确回答孩子的问题时，不能不懂装懂，含糊其词，要向孩子说清楚"这个问题我现在不会回答，等我看过书后再告诉你"，或者对孩子说，"等你上学后你自己会解决这个问题的"。这样做，可以激励孩子将来好好学习，探索未知的领域。

在与孩子交往的过程中，父母也可以反过来问孩子为什么，有意识地针对所见所闻提出一些问题，尤其是开放式的问题。开放式的问题就是为

引导孩子能自由启口而选定的话题。能体现开放式问题的疑问词有"什么""哪里""告诉""怎样""为什么""谈谈"等。这样可以锻炼孩子分析问题、解决问题的能力，养成独立思考的习惯。这种习惯的养成非常有利于孩子的学习兴趣和思维能力的培养。

一个好点子开启一道成才门

发散思维，让孩子不同凡"想"

　　一家著名的网络公司的科研部决定招一名科研人员。几天之内，前来报名的人数就有几百人。经过层层筛选，最终进入面试的是十名拥有硕士以上学历的年轻人。

　　面试如期而来，十名面试者被一起叫进了经理办公室。主考官先问了他们一些专业性问题，回答者均自我感觉良好，一个个脸上都露出了笑容。

　　突然，一直没有开口的董事长说话了："我现在考他们最后一个题目，它将决定谁会最终留下来。我这有几组数字，请说出它们之间的关系。第一组是'1、3、7、8'，第二组是'2、4、6'，第三组是'5、9'。

　　年轻人运用了所有的数学逻辑概念，始终都没有发现这几组之间有什么特殊关系。最后，一个年轻女孩子说出了自己的答案："三组之间主要是它们的声调有区别。三组按顺序依次读一声、四声、三声。

　　董事长和其他主考都赞许地点点头，那个女孩子幸运地被录取了。公司要的不是仅仅具备数学思维而不会灵活变通的员工，因为一个不具备发散型思维的科研人员难免视野狭窄，最终恐怕很难真正促进科研的发展。

　　发散思维又称"辐射思维""放射思维""多向思维""扩散思维"或"求异思维"，是指从一个目标出发，沿着各种不同的途径去思考，探求多种答案的思维，与聚合思维相对。不少心理学家认为，发散思维是创造性思维的最主要的特点，是测定创造力的主要标志之一。

　　发散思维是大脑在思维时呈现的一种扩散状态的思维模式，比较常见，

它表现为思维视野广阔，思维呈现出多维发散状。可以通过从不同方面思考同一问题，如"一题多解""一事多写""一物多用"等方式，培养发散思维能力。

从问题的要求出发，沿不同的方向去探求多种答案的思维形式，又称求异思维。当问题存在着多种答案时，才能发生发散思维。它不墨守成规，不拘泥于传统的做法，有更多的创造性。

发散思维具有流畅性、变通性和独特性的特点。流畅性是指在发散思维的过程中，思维反应的灵敏、迅速、畅通无阻，能够在较短的时间内找到较多的解决问题的方案。可以用数量/时间来衡量。变通性是指在发散思维的过程中能够随机应变，不受现有知识和常规定式的束缚，敢于提出新奇的构想。独特性是指发散思维的种类要新颖独特，能够从前所未有的新角度、新观念去认识事物，思维的结果具有新异、独到的特点。

例：请在 3 分钟的时间内列出"红砖"的用途。

甲：盖房、建仓、建教室、筑墙、砌烟囱、盖礼堂、垒灶、铺路。

乙：造房、压纸、打狗、搭书架、钉钉子、做球门、磨红粉。

在甲乙的答案中，我们可以看出，流畅性甲有 8 种，乙有 7 种；变通性甲有建材一种，乙有建材、工具、武器、颜料 4 种；独特性甲没有，乙有打狗一种。

这道题的其他答案还有当凳子、练臂力、代直尺画线、堵住洞口、当砝码、当积木、写字等。请你想一想是否还有更独特的答案。

但是发散性思维并不是所有人的特质，需要有意识地培养，尤其是对孩子。父母可根据下面提供的方法，练习孩子的发散性思维。

父母可通过培养孩子的联想力，提高孩子发散思维的流畅性。剖析问题具备的各种要素（如材料、形状、功能、条件）等，以此作为思考问题的方向，然后大胆想象，不要去考虑是否实际，是否可行。如在杯子的设计过程中可以考虑：

材料：塑料、玻璃、纸、金属、陶瓷、搪瓷

形态：大的、小的、圆的、方的、球、动物、植物

功能：旅游、保健、保温、制冷、老人用、小孩用、盲人用

关联学科：电、磁、知识（文字、地图、名画）

父母可帮助孩子克服思维定式，培养发散思维的变通性。思维定式是人对刺激情境以某种习惯的方式进行反应。思维定式可以使我们较快地找到解决问题的途径，但有时也会陷入思维定式的陷阱。如做钟表生意的都喜欢说自己的表准，而一个表厂却说他们的表不够准，每天会有 1 秒的误差，不但没有失去顾客，反而大家非常认可，踊跃购买。

父母还要培养孩子发散思维的独创性。在活动过程中孩子时常出现对某个问题超常、独特、非逻辑的见解时，父母要鼓励孩子不轻易放弃。如我们同学在钻木取火的过程中，发现钻头已经烫手，但是棉花还没有燃烧。分析原因时有个同学讲是不是围观的同学太多，呼出的二氧化碳太多，导致氧气不够，不能燃烧。从而想到在棉花中放点高锰酸钾加热增加氧气。通过实验圆满地完成了任务。

思维的流畅性、独特性、变通性是发散思维的特性，在生活中，父母要有意识地抓住这些特性对孩子进行训练与培养，就可提高孩子的发散思维能力。

点子教育，要在想象力上下功夫

想象力能使通常被认为不可能的事情变为现实。拿破仑说过："想象支配人类。"想象力，这是人的伟大之处。美国著名心理学专家丹尼尔·高曼说："要想在事业上有所成就，将以有无创造性思维的力量来论成败。"而作为决定创造范围的想象力当然也就显得更为重要了。

看过《福尔摩斯探案集》的读者应该记得福尔摩斯是如何在面对他所遇到一件件稀奇古怪的案件时施展他的想象力的。他往往是根据他经过仔细观察后得到的线索来进行想象，有很多想象是常人所不能想到的，然而福尔摩斯却突破常规，大胆进行想象，最后根据想象进行追查，出人意料地破了案。福尔摩斯在总结他的破案经验时曾对华生说过苏格兰的警察们有时老破不了案，其中很重要原因的就是因为他们缺少想象力。

美国有一家生产牙膏的公司，产品优良，包装精美，深受广大消费者的喜爱，每年营业额蒸蒸日上。

记录显示，前 10 年每年的营业增长率为 10%～20%，令董事部雀跃万分。

不过，随后的几年里，业绩却停滞下来，每个月都维持着同样的数字。

董事部对业绩表现感到不满，便召开全国经理级高层会议，以商讨对策。

会议中，有名年轻经理站起来，对董事部说："我手中有张纸，纸里有个建议，若您要采用我的建议，必须另付我 5 万元！"

总裁听了很生气说："我每个月都支付你薪水，另有分红、奖励。现在叫你来开会讨论，你还要另外要求 5 万元。是不是过分了?"

"总裁先生，请别误会。若我的建议行不通，您可以将它丢弃，一分钱也不必付。"年轻的经理解释说。

"好!"总裁接过那张纸后，看完，马上签了一张 5 万元支票给那年轻经理。

那张纸上只写了一句话：将现有的牙膏管口的直径扩大 1 毫米。

总裁马上下令更换新的包装。

试想，每天早上，每个消费者挤出比原来粗 1 毫米的牙膏，每天牙膏的消费量将多出多少呢?

这个决定，使该公司随后一年的营业额增加了 30％。

在试图增加产品销量的时候，绝大多数人总是在大力开发市场、笼络更多的顾客方面做文章，如果你转换一下脑筋，增加老顾客的消费量，也能够达到同样的目的。

还有一家效益相当好的大公司，决定进一步扩大经营规模，高薪招聘营销主管。广告一打出来，报名者云集。面对众多应聘者，招聘工作的负责人说："相马不如赛马。"

为了能选拔出高素质的营销人员，某公司拟出一道实践性的试题，就是想办法把木梳卖给和尚。绝大多数应聘者感到困惑不解，甚至愤怒：出家人剃度为僧，要木梳有何用? 这岂不是神经错乱，故意刁难人吗? 过一会儿，应聘者接连拂袖而去，几乎散尽。最后只剩下 3 个应聘者：杰克、约翰和比尔。负责人对剩下的 3 个应聘者交代："以 10 日为限，届时请各位将销售成果向我汇报。"

10 日期到。负责人问杰克："卖出多少?"答："一把。""怎么卖的?"

杰克讲述了历尽的辛苦，以及受到和尚的责骂和追打的委屈。好在下山途中遇到一个小和尚，一边晒着太阳一边使劲挠着又脏又厚的头皮。小尹灵机一动，赶忙递上了木梳，小和尚用后满心欢喜，于是买下一把。

负责人又问约翰："卖出多少?"答:"10 把。""怎么卖的?"约翰说他去了一座名山古寺。由于山高风大，进香者的头发都被吹乱了。约翰找到了寺院的住持说："蓬头垢面是对佛的不敬，应在每座庙的香案前放把木梳，供善男善女梳理鬓发。"住持采纳了约翰的建议。那山共有 10 座庙，于是买下 10 把木梳。

负责人又问比尔："卖出多少?"答:"1000 把。"负责人惊问:"怎么卖的?"比尔说，他到一个颇具盛名、香火极旺的深山宝刹，朝圣者如云，进香者络绎不绝。比尔对住持说："凡来进香朝拜者，多有一颗虔诚的心，宝刹应有所回赠，以做纪念，保佑其平安吉祥，鼓励其多做善事。我有一批木梳，你的书法超群，可先刻上'积善梳'三个字，然后便可做赠品。"住持大喜，立即买下 1000 把木梳，并请比尔小住几天，共同出席了首次赠送"积善梳"的仪式。得到"积善梳"的施主和香客，很是高兴，一传十，十传百，朝圣者更多，香火也更旺。这还不算，住持希望比尔再多卖一些不同档次的木梳，以便分层次地赠给各种类型的施主与香客。

由此大家可以看出，想象力在很多领域都发挥着重要的作用。想象力是创造力最本质的内涵，没有想象力就意味着创造力的贫乏。现实生活中的许多发明创造都是从想象开始的。

孩提时期是想象力表现最活跃的阶段，孩子的想象力是孩子探索活动和创新活动的基础，一切创新的活动都是从创新性的想象开始的。人类的物质文明和精神文明，无不是创造思维和创造想象相结合的产物。21 世纪是开创人类创造力的世纪，所以，父母要把孩子培养成"创造、开拓型"的人才，这是时代赋予教育的历史使命。

培养孩子的想象力，父母可指导孩子丰富头脑中表象的储存。表象是想象的基础材料，所以头脑中的表象积累得越多，就越有供以想象的丰富资源。带孩子参观博物馆、游览名胜古迹、参加各种公益活动或走亲访友等，都可以让孩子记住许许多多的表象。

另外父母要支持孩子参加课外兴趣小组活动。每一种兴趣小组活动都

有大量的形象化的事物进入孩子的脑海中，且需要进行创造性想象才能完成活动任务，这对提高孩子的想象力十分有益。当孩子的活动成果得到展示或者获得表彰奖励时，他们的积极性会更高，想象力会获得突飞猛进的发展。

第六章

成功源自于每一次登高眺望

富兰克林说："你真的能成为你想象中的那种人。如果你认为自己是什么样的人，你就能成为什么样的人！"英国谚语说："对一艘盲目航行的船来说，任何方向的风都是逆风。"没有目标，我们将没有原则，没有动力，我们将陷入各种矛盾冲突中而不能自拔，将遇到一点小小的挫折就一蹶不振，轻言放弃。

如果那些华尔街精英们没有怀揣目标，那么他们肯定不会拥有现在的荣誉。作为父母，给孩子设立目标，可以使他们产生积极努力的动力。目标既是他们努力的依据，也是对他们有效的鞭策。

入主华尔街，从"做梦"开始

一个年轻漂亮的美国女孩在美国一家大型网络论坛金融版上发了这样一个问题帖：我要怎样才能嫁给有钱人？

我下面要说的都是心里话。本人25岁，非常漂亮，是那种让人惊艳的漂亮，谈吐文雅，有品位，想嫁给年薪50万美元的人。你也许会说我贪心，但在纽约年薪100万才算是中产，本人的要求其实不高。

这个版上有没有年薪超过50万的人？你们都结婚了吗？我想请教各位一个问题——怎样才能嫁给你们这样的有钱人？我约会过的人中，最有钱的年薪25万，这似乎是我的上限。要住进纽约中心公园以西的高尚住宅区，年薪25万远远不够。我是来诚心诚意请教的。有几个具体的问题：

一、有钱的单身汉一般都在哪里消磨时光？（请列出酒吧、饭店、健身房的名字和详细地址。）

二、我应该把目标定在哪个年龄段？

三、为什么有些富豪的妻子看起来相貌平平？我见过有些女孩，长相如同白开水，毫无吸引人的地方，但她们却能嫁入豪门。而单身酒吧里那些迷死人的美女却运气不佳。

四、你们怎么决定谁能做妻子，谁只能做女朋友？

我现在的目标是结婚！

——波尔斯女士

下面是一个华尔街金融家的回帖：

亲爱的波尔斯：

我怀着极大的兴趣看完了贵帖，相信不少女士也有跟你类似的疑问。让我以一个投资专家的身份，对你的处境作一分析。我年薪超过 50 万，符合你的择偶标准，所以请相信我并不是在浪费大家的时间。

从生意人的角度来看，跟你结婚是个糟糕的经营决策，道理再明白不过，请听我解释。抛开细枝末节，你所说的其实是一笔简单的"财""貌"交易：甲方提供迷人的外表，乙方出钱，公平交易，童叟无欺。

但是，这里有个致命的问题，你的美貌终有一天必然会消失掉，但我的钱却不会无缘无故减少。事实上，我的收入很可能会逐年递增，而你不可能一年比一年漂亮。

因此，从经济学的角度讲，我是增值资产，你是贬值资产，不但贬值，而且是加速贬值！你现在 25，在未来的 5 年里，你仍可以保持窈窕的身段，俏丽的容貌，虽然每年略有退步。但美貌消逝的速度会越来越快，如果它是你仅有的资产，10 年以后，你的价值堪忧。

用我们华尔街术语说，每笔交易都有一个仓位，跟你交往属于一个"交易仓位"（tradingl position），一旦价值下跌趋势成立就要立即抛售，而不宜长期持有——也就是你想要的婚姻。听起来很残忍，但对一件会加速贬值的物资，就是如此，明智的选择是租赁，而不是购入。

华尔街年薪能超过 50 万的人，当然都不是傻瓜，因此我们只会跟你交往玩玩，但不会跟你结婚。所以我劝你不要苦苦寻找嫁给有钱人的秘方。顺便说一句，你倒可以想办法把自己变成年薪 50 万的人，这比碰到一个有钱的傻瓜的胜算要大。

——美国女孩想利用自己的美貌来获得财富，这确实算得上一个方法，但并不是一个明智的选择。正像投资专家所说的那样，把自己变成一个年薪 50 万的人比嫁给一个年薪 50 万的人更有胜算。每个人都有获得财富的梦想，关键是看怎么实现了。我们每个人都应该有一个成功的梦想，然后要通过自己的努力，实现这一梦想。孩子也不例外。

我们再先看看下面这则故事：

成功源自于每一次登高眺望

一个小男孩，他的父亲是位马术师，他从小就必须跟着父亲东奔西跑，一个马厩接着一个马厩，一个农场接着一个农场地去训练马匹。由于经常四处奔波，男孩的求学过程并不顺利。

初中时，有次老师叫全班同学写作文，题目是长大后的志愿。

那晚他洋洋洒洒写了 7 张纸，描述他的伟大志愿，那就是想拥有一座属于自己的牧马农场，并且他仔细画了一张 200 亩农场的设计图，上面标有马厩、跑道等的位置，然后在这一大片农场中央，还要建造一栋占地 400 平方英尺的巨宅。

他花了好大心血把报告完成，第二天交给了老师。两天后他拿回了报告，第一面上打了一个又红又大的 F，旁边还写了一行字：下课后来见我。

脑中充满幻想的他下课后带了报告去找老师："为什么给我不及格？"

老师回答道："你年纪轻轻，不要老做白日梦。你没钱，没家庭背景，什么都没有。盖座农场可是个花钱的大工程，你要花钱买地、花钱买纯种马匹、花钱照顾它们。"他接着又说，"如果你肯重写一个比较不离谱的志愿，我会提高你的分数。"

这男孩回家后反复思量了好几次，然后征求父亲的意见。父亲只是告诉他："儿子，这是非常重要的决定，你必须自己拿定主意。"

再三考虑了几天后，他决定原稿交回，一个字都不改。他告诉老师："即使你给我不及格，我也不愿放弃梦想。"

20 多年以后，这位老师带领他的 30 个学生来到那个曾被他指责的男孩的农场露营一星期。离开之前，他对如今已是农场主的男孩说："说来有些惭愧。你读初中时，我曾泼过你冷水。这些年来，也对不少学生说过相同的话。幸亏你有这个毅力坚持自己的目标。"

作为父母，我们要把这个故事讲给孩子听，让孩子明白，如果一个人朝着他梦想的方向奋勇自信地前进，为了实现他的理想，尽力奉献自己所能提供的一切，那么一定会成功。不是孩子不能成功，而是他们缺少一个为之奋斗的方向。人生因为梦想而美丽，也会因为梦想而成功。

宋代哲学家王阳明说："志不立，天下无可成之事，虽百工技艺，未有

不本于志者。……志不立，如无舵之舟、无衔之马，漂荡奔逸，终亦何所底乎?"梦想、目标是孩子行动的方向。否则孩子的热忱便无的放矢，无所依归。有了目标，才有斗志，才能开发孩子的潜能。

只是，在勾勒一个又一个梦想的时候，要提醒孩子是否在真正地思考。美好的梦想变为现实，这中间需要辛勤的汗水、顽强的毅力和百折不挠的意志，以及一定的机遇等条件。

告诉孩子，目标一定要高过头顶

在所有能飞的动物里，大黄蜂是一个另类。据说，曾经有几位动物学家一起探讨动物飞翔的原理，得出一致的结论：凡是会飞的动物，其形体构造必须是身躯轻巧而双翼修长的。话音刚落，恰巧数只大黄蜂飞临现场，在座的动物学家见状，顿时面面相觑，一阵尴尬。

于是，他们带着一只大黄蜂标本，前去请教一位物理学家。这位物理学家仔细地揣摩了半天，望着大黄蜂如此肥胖、粗笨的体态再配上一对短小的翅膀，最后也困惑地摇摇头：不可思议。根据流体力学原理，它应该是飞不起来的。

无奈之下，他们又请来了一位社会行为学家，不等听完他们的解释，这位社会行为学家就笑了，不无幽默地说——这难道会是一个问题吗？答案很简单呀！奥秘就是：今生，它必须飞起来，否则，大黄蜂只有死路一条。幸亏没有学过生物学，也不懂什么流体力学，否则，大黄蜂可能从此再也不想，也不敢飞起来了。

我们的孩子呢，他们是不是也总是觉得自己这个不能做，那个不能做，因为自己不可能做到。一开始我们的孩子就给自己人为降低了目标，阻止他自己达到更高的目标。事实上，他本来可以做得更好，他的生命有无限潜能。要知道，目标有多高，就有多大的成就。

一位音乐系的学生走进练习室。钢琴上，摆放着一份全新的乐谱。"超高难度。"他翻动着，喃喃自语，感觉自己对弹奏钢琴的信心似乎跌到了谷

底，消磨殆尽。

已经 3 个月了，自从跟了这位新的指导教授之后，他不知道，为什么教授要以这种方式整人。指导教授是个极有名的钢琴大师。他给自己的新学生一份乐谱。

"试试看吧！"他说。乐谱难度颇高，学生弹得生涩僵滞错误百出。

"还不熟，回去好好练习！"教授在下课时，如此叮嘱学生。

学生练了一个星期，第二周上课时，没想到教授又给了他一份难度更高的乐谱，"试试看吧！"上星期的功课教授提也没提。学生再次挣扎于更高难度的技巧挑战。

第三周，更难的乐谱又出现了，同样的情形持续着。学生每次在课堂上都被一份新的乐谱挑战，然后把它带回去练习，接着再回到课堂上，重新面临难上两倍的乐谱，却怎么样都追不上进度，一点也没有因为上周的练习而有驾轻就熟的感觉，学生感到愈来愈不安、沮丧及气馁。

教授走进练习室。学生再也忍不住了，他必须向钢琴大师提出这 3 个月来何以不断折磨自己的质疑。

教授没开口，他抽出了最早的第一份乐谱，交给学生。"弹奏吧！"他以坚定的眼神望着学生。不可思议的事发生了，连学生自己都惊讶万分，他居然可以将这首曲子弹奏得如此美妙、如此精湛！教授又让学生试了第二堂课的乐谱，学生仍然有高水平的表现。演奏结束，学生怔怔地看着老师，说不出话来。

"如果我任由你表现最擅长的部分，可能你还在练习最早的那份乐谱，不可能有现在这样的表现。"教授缓缓地说。

前苏联学者兼作家伊凡·耶夫里莫夫指出："一旦科学的发展能够更深入地了解脑的构造和功能，人类将会为储存在脑内的巨大能力所震惊。人类平常只发挥了大脑中极小部分的功能，如果人类能够发挥大脑功能的一半，将轻易地学会 40 种语言，背诵整本百科全书，拿 12 个博士学位。"

掌风所至，半寸厚的木板应声而断。这是跆拳道功夫中的劈技，练功人可以用肉掌砍断木板。高手讲，其实，多则几天，少则几分钟，大多数

普通人都可以练成这样的"绝技"。

这怎么可能呢？道理是：当你准备劈木板时，你的眼睛肯定是盯着木板的上面，对么？那么你的手掌与木板接触时，掌力已经是强弩之末。而假如你的眼睛盯的是木板后面半尺的地方，你的手掌劈到木板时正好力量的峰点，因为你的目标还在半尺之外，所以，手掌会穿越木板的阻碍！

目标应该定得高一些，即使全力以赴到最后仍然实现不了，但你最终所能实现的目标或者最终所能到达的高度却很可能仍是其他人所望尘莫及的。当然，树立一个远大目标的意义并不在于它是否必须实现，主要在于它能否调动人心中的渴望，能否激发人的积极心理和坚定的信念。

在跳远的时候，如果我们的眼睛看着远处，就有可能跳得更远。中国有这样一句古话："望乎其中，得乎其下；望乎其上，得乎其中。"意思是说，做一件事，如果我们期望达到中等水平，结果我们只可能拿个下等；但是如果我们把目标定位在上等水平，就有可能取得中等水平。

远大的目标能够调动孩子的积极性。远大的目标是一种召唤，是一种动力，是一种吸引，也是一种激励。有了远大的目标，孩子才能够战胜各种诱惑，主动离开电视机，离开电子游戏，离开懒散的沙发，头脑清醒地坐在书桌前。远大的目标使孩子战胜惰性，成为自主的、积极的、努力的人。有了远大的目标，孩子才能够集中精力，会聚自己的能量，使潜能得到充分的发挥。

既然如此，我们为什么不帮助孩子把目标定得更高远一些呢？

增强孩子行动的目的性

讲一个来自非洲的故事。

一个非洲部落的酋长对三个村民说：你们自己在地上立一根标杆，在太阳升起来时，从标杆处出发，太阳落山时再回到标杆跟前来，那么以标杆为中心，以你们到达的最远的地方为半径画个圆，这块土地就是你们自己的了。但是，如果在太阳落山时不能回到标杆跟前来，那么，就得不到土地。

按照酋长的要求，第一个人走了一段路，感到累了，于是坐下来休息，然后继续往前走，感到累了后，又坐下来休息，这样走走停停，估计时间差不多了，他往回返，在太阳还没落山时回到标杆前，他得到一块很小的土地。

第二个人立好标杆后，开始出发，他边走边想，我多走一步，得到的土地就会比少走一步多许多。所以，他一刻不停地向前走，为了得到更多的土地，他有时甚至以跑代走，等到该往回返时，他的体力已经耗费得差不多了，根本无力回到出发点。结果，这个人连一寸土地也没有得到。

轮到第三个人，他在太阳升起时从标杆处出发，在太阳落山时刚好返回来，结果他得到的土地最多。原来，在前一天晚上，他根据自己的体力和行走的速度，做了周密的计划，所以，得到了最大的回报。

智慧是帮助人们取胜的关键因素。孙子说："以虞待不虞者胜。"毛主席说："不打无准备之仗，不打无把握之仗，每战都应力求有准备，力求在

敌我条件对比下有胜利的把握。"法国科学家巴斯德说:"机遇总是偏爱有准备的头脑。"古今中外,有识之士一致认为,只有有目的地做事,才能成功。

当人们的行动有明确的目的,并且把自己的行动与目的不断加以对照,清楚地知道自己的进行速度及与目标相距的距离时,行动的动机就会得到维持和加强,人就会自觉地克服一切困难,努力达到目标。

我们的孩子其实多半也有伟大的理想,但真正能把孩子带到成功彼岸的不是理想,因为没有付诸行动的理想无异于空想。帮助孩子实现理想和目标,靠的是切实可行的计划。计划可以增强孩子行动的目的性。父母在帮助孩子制订计划的过程中,同样要讲究方法,有所为有所不为,只有这样,才能成功。

父母首先要懂得帮助孩子把大目标切割成若干个明确的小目标,合理分配时间。

火箭飞向月球首先要摆脱地球的吸引,这不但需要一定的速度,而且要求火箭具有一定的质量。科学家们经过精密的计算得出结论:火箭的自重至少要达到 100 万吨。而如此笨重的庞然大物无论如何也是无法飞上天空的。因此,在很长一段时间里,科学界都一致认定:火箭根本不可能被送上月球。

直到有人提出"分级火箭"的思想,问题才豁然开朗起来。将火箭分成若干级,当第一级将其他级送出大气层时便自行脱落以减轻质量,这样火箭的其他部分就能轻松地逼近月球了。

从上例中我们可以很容易获得启发:学会把目标分解开来,化整为零,使其变成一个个容易实现的小目标。对于每一个小目标,我们可以根据其难易情况,合理地分配精力、时间,这样才能逐个击破,层进式地慢慢接近终极目标。

让孩子学会将目标分解开来之后,我们还要提醒孩子检查一下这些小目标之间有没有冲突。目标之间必须相互协调,必须事先化解存在于各个目标之间的冲突或矛盾,以免所获得的各种成果因相互抵销而徒劳无功。

153

一位教授为商学院的学生上时间管理课。他说:"这一课大家不用记笔记,只要跟着我做一个小实验就行了。"说完,他拿出一个大口的玻璃瓶子放在了桌子上。

之后,他从桌子底下取出一袋鸡蛋大小的石块,一块一块地把它们放进玻璃瓶里,直到瓶子放不下才停止。这时,教授问道:"瓶子满了吗?"学生齐声回答:"满了。"教授又问:"真的满了吗?"说着,他又从桌子底下取出一袋小石子,并分几次将它们倒进了瓶子里。教授问:"现在满了吗?"有的说:"满了。"有的说:"还没有满。"

教授又从桌子底下拿出一袋沙子,缓缓地倒进了瓶子里,直到沙子溢满瓶口。教授问:"现在满了吗?"有的说:"满了。"有的说:"还没有满。"这时,教授又从桌子底下拿出了一瓶水倒了进去,直到水溢了出来。

教授开始提问:"这个实验说明了什么道理?"

众说纷纭。有的说时间像海绵,只要你肯挤它,就能挤出来;有的说在有限的生命里,只要我们努力就可以做很多事情。大家七嘴八舌地议论起来,但都不是教授的本意。他做这个实验是想告诉大家,我们有限的生命就像这个瓶子,它只能放进去有限的东西。如果我们不把生命和工作中最重要的事情——这些大石块先放进去,那么,一生可能就会浪费在一些毫无意义的琐碎事情上,让小石块充满自己的生命空间。

或许我们的孩子认为自己有的是时间,想做什么就可以做什么。这样是不对的,迟早有一天孩子会为浪费掉的光阴而后悔。人生苦短,回首过往岁月的时候,每个人都发现自己还有那么多事情没有做。在人生最美好也最短暂的青少年时期,要让孩子清楚他最想做些什么事情、最需要做些什么。只有这样,才不会在将来因为虚度时间而后悔。

让孩子知道，目标是需要量身定做的

通过以上论述，我们了解到制定目标的重要性。在制定目标的过程中，父母要注意一个重要原则——可行性原则。可行性原则是指所定目标切实可行，即要求目标必须符合客观实际，孩子经过努力能够实现，要使孩子感到，既充满信心达到目标，又不敢掉以轻心。只有这样的目标，才具有较大的激发力。

目标是一种方向，需要我们恰当地选择。假如你的一个目标发生了问题，应当尽快更换另一个目标，重新确定自己的方向。只有选择适合自己的目标，才能达到所期望的成功。

1888 年，作为银行家的里凡·莫顿先生成为美国副总统候选人，一时声名赫然。1893 年夏天的某个时候，美国一位部长詹姆斯·威尔逊先生到华盛顿拜访里凡·莫顿。在谈话之中，威尔逊偶然问起莫顿是怎样由一个布商变为银行家的。里凡·莫顿说："那完全是因为爱默生的一句话。事情是这样的，当时我还在经营布料生意，业务状况比较平稳。但是有一天，我偶然读到爱默生写的一本书，书中的这样一句话映人了我的眼帘，'如果一个人拥有一种别人所需要的特长，那么无论他在哪里都不会被埋没'。这句话给我留下了深刻的印象，顿时使我改变了原来的目标。

"当时我做生意本来就很守信用，但是与所有商人一样，难免要去银行贷些款项来周转。看到了爱默生的那句话后，我就仔细考虑了一下，觉得当时各行各业中最急需的就是银行业。人们的生活起居、生意买卖，处处

都需要金钱；天下又不知有多少人为了金钱，要翻山越岭，吃尽苦头。

"于是，我下决心抛开布行，开始创办银行。在稳当可靠的条件下，我尽量多往外放款。一开始，我要去找贷款人，后来，许多人都开始来找我了。由此可见，任何事情，只要脚踏实地地去做，不可能会失败。"

在生活中，不知有多少人因为一生干着不恰当的工作而遭到失败。在这些失败者中，有不少人做事很认真，似乎应该能够成功，但实际上却一败涂地，这是为什么呢？原因在于，他们没有勇气放弃那耕种已久但荒芜贫瘠的土地，没有勇气重新去找那肥沃多产的田野，尽管他们现在耕耘的土地并不适合自己。其实，他们早该知道，这完全是由于他们没有找到适合自己的目标，但他们可能仍然糊里糊涂地应付着手头的事情，继续过着浑浑噩噩的日子。

我们的孩子也是一样，当他们制定了一个目标后，若在很长一段时间内没有任何成效或者成效不高，那么，我们作父母的就应该帮助孩子重新审视他们的目标，也许他们制定的目标根本就不适合自己。这时候，我们就应该反思一下：从孩子自己的兴趣、性格、能力来说，他们的目标究竟设立得正确与否？如果走错了路，就应该及早掉头，去寻找更适合孩子、更有希望的目标。

如果孩子所执行的目标一直没有成功的希望，那就告诉孩子，不必再浪费时间了，不要再无为地消耗自己的力量，而应该去寻找另一片沃土。

当然，在孩子重新确定目标、改变航向之前，一定要经过慎重的考虑，尤其不可三心二意，不可以既要抱着这个又想要那个。

在美国西部，有一位著名的木材商人，他曾经做了40年的牧师，可是一直无法成为一个胜任而出色的牧师。他考虑再三后，对自己的优势和弱点有了重新的认识，于是立刻改变目标，开始经营商业。他从此一帆风顺，最终成为一个全国有名的木材商人，富甲一方。

一个人由于找错了职业以致不能充分发展自己的才干，这实在是件可惜的事情。但是，只要他能够认识到这个问题，就算晚了一些，也仍然有东山再起的希望。只要找到正确的方向，就完全有可能走上成功之路。到

那时，他一定会感到自己的生活和思想都焕然一新，似乎变成了一个新人一般。

几个人在岸边垂钓，旁边几名游客在欣赏海景。只见一名垂钓者竿子一扬，钓上了一条大鱼，足有三尺长，落在岸上，仍蹦跳不止。可是钓者却解下鱼嘴内的钓钩，顺手将鱼丢回海里。

围观的人响起一阵惊呼：这么大的鱼还不能令他满意，可见垂钓者雄心之大！

就在众人屏息以待之际，钓者鱼竿又是一扬，这次钓上的是一条两尺长的鱼，钓者仍是不看一眼，顺手扔进海里。

第三次，钓者的钓竿再次扬起，只见钓线的末端钩着一条不到一尺长的小鱼。围观众人以为这条鱼也肯定会被放回，不料钓者却将鱼解下，小心地放回自己的鱼篓中。

游客百思不得其解，就问钓者为何舍大而取小。

想不到钓者的回答是："喔，因为我家里最大的盘子只不过有一尺长，太大的鱼钓回去，盘子也装不下。"

在孩子的人生道路上，找到适合自己的目标非常重要。

就制定目标的可行性原则来说，要求父母在引导孩子制定目标时不要过高。每个孩子都有着不同于他人的特点和能力，理想的教育应能引导这种特点和能力向积极的方向发展。父母们切忌把目标定得太高，盼孩子是"神童"。许多父母抱着"不能让孩子输在起跑线上"的心态，强迫还没上学的孩子记大量生字、古诗歌和单词，甚至要求三四岁的小孩学书法、画画、音乐、舞蹈等各种技能。这种做法只会抹杀孩子对学习的兴趣，使他们对学习产生厌倦及恐惧等负面心理，影响未来长期的学习生活，得不偿失。因此，对孩子的家庭教育一定要注意真正做到因人而异、因材施教。

先肯定孩子，再否定孩子

英国新闻界的泰斗——伦敦《泰晤士报》的大老板诺斯克里夫爵士，最初在他每个月只能拿 80 英镑的时候，对自己的处境非常不满。后来，当《伦敦晚报》和《每日邮报》皆为他所拥有的时候，他还是感到不满足，直到他得到了伦敦《泰晤士报》之后，他才稍稍觉得有点满足。

就算成了《泰晤士报》的大老板，诺斯克里夫爵士仍是不肯善罢甘休。他要利用《泰晤士报》，揭露官僚政府的腐败，打倒几个内阁总理，而且不顾一切地攻击昏迷不醒的政府……由于他这种大胆的努力，提高了不少国家机关的办事效率，在某种程度上还改革了整个英国的制度。

有一次，他在一个他从未见过的助理编辑的办公室前停下来，和那个助理编辑聊了起来，下面是他们的对话："你到这里多久了？""将近 3 个月了。"那个助理回答。"你觉得怎么样？你喜欢你的工作吗？对我们的办公程序熟悉了解吗？""我很喜欢现在的工作。""你现在的薪水是多少？""一星期五英镑。""你对你现在的状况满意吗？""很满意，谢谢你。""啊，但是你要知道，我可不希望我的职员一星期拿了五英镑，就觉得满足了。"

不要满足，不要骄傲，这是我们保持继续前进的动力。作为父母，我们应该从这一故事中得到一些人生的启迪。当孩子在我们的帮助下实现了一个目标之后，我们怎么办？沉溺于成功的喜悦中，还是鼓励孩子继续努力，争取更大的胜利呢？当然，当孩子实现一个短期目标时，我们应该鼓励孩子，肯定孩子，同时，我们还要告诉孩子，不要止步，挑战自己，做

到最好。

在现实生活中会有这样的情况发生：在一次数学测验中，张辉得了80分，这个成绩在班上属于中等，达到了张辉和妈妈制订的计划。

回家后，他把自己的成绩告诉了妈妈。妈妈认为应该赏识孩子，就非常高兴地对张辉说："不错啊孩子，恭喜你考了好成绩，达到了目标。今天晚上想吃什么？妈妈做给你吃！"

"我想吃红烧肉！"

晚饭，妈妈果然做了红烧肉，并对张辉说："这是为你取得优异成绩专门做的，以后取得好成绩，妈妈给你做更多好吃的。来，多吃点！"

"原来考80分妈妈就这么满意，这还不简单吗。"张辉一边吃，一边想。

于是，张辉不仅没有加强对数学的学习，反而逐渐放松了。他想，反正妈妈要求也不高，只要能拿到80分就可以了，我干吗还要那么努力呢？

结果，张辉的数学成绩始终没有进步，甚至有时候还在退步。为此，张辉的妈妈也很苦恼，为什么自己这么赏识孩子，他却没有做到想象中那样好呢？

张辉的妈妈犯了这样一个错误：只肯定，没否定。

只夸奖、不激励，只看到孩子的成绩、看不到孩子的不足。对于孩子的成绩，如果我们只给予肯定和夸奖，甚至小题大做，把一个本来不是很理想的成绩说成是优异的成绩，把孩子丁点的进步捧到了天上，而不对孩子存在的差距和不足作出提醒和激励。这样一来，会让孩子误会父母的意图，认为父母对自己的成绩很满意，从而忽视了自己的不足和差距，变得骄傲自满，最终放松了继续努力和积极进取。

作为父母，当孩子完成了某项任务时，即使还有一些差距，出于赏识和激励孩子的考虑，你应该说："做得不错，如果再努力一些会更好！"

如果孩子已经做得很好，比如考试得了第一名，就要鼓励孩子继续保持这个成绩。你可以说："真是好样的，相信你可以继续保持下去！"

西华·莱德先生是个著名的作家兼战地记者，1957年四月号的《读者

文摘》发表了一篇他的文章。下面是其文章中的一段节选：

第二次世界大战期间，我跟几个人不得不从一架破损的运输机上跳伞逃生，结果迫降在缅印交界处的树林里。当时唯一能做的就是拖着沉重的步伐往印度走，全程长达 140 英里，必须在八月的酷热和季风所带来的暴雨侵袭下，翻山越岭长途跋涉。

才走了一个小时，我一只长统靴的鞋钉扎了另一只脚，傍晚时双脚都起泡出血，范围像硬币那般大小。我能一瘸一拐地走完 140 英里吗？别人的情况也差不多，甚至更糟糕。他们能不能走呢？我们以为完蛋了，但是又不能不走。为了在晚上找个地方休息我们别无选择，只好硬着头皮走完下一英里路⋯⋯

当我推掉其他工作，开始写一本 25 万字的书时，心一直定不下，我差点放弃一直引以为荣的教授尊严。也就是说几乎不想干了，最后我强迫自己只去想下一个段落怎么写，而非下一页，当然更不是下一章。整整 6 个月的时间，除了一段一段不停地写以外什么事情也没做，结果居然写成了。

几年以前，我接了一个每天写一个广播剧本的差事，到目前为止一共写了 2000 个。如果当时签一张"写作 2000 个剧本"合同，一定会被这个庞大的数目吓倒，甚至把它推掉，好在只是写完一个剧本接着又写一个，就这样日积月累真的写出这么多了。

——是的，只要敢于挑战自己，我们的目标会一个个实现，从小目标到大目标。

居里夫人在发现放射性元素"钋"之后，举世闻名，但她并未就此停下研究的脚步，而是不安于现状，继续探索，终于又发现了"镭"，从而为人类科学史又增添了光彩照人的一笔。

爱迪生在发明灯泡之后，没有沉浸在一片赞扬声中，而是马上着手研究怎样才能让灯丝的寿命更长。如果他不给自己提出更高要求，那么他发明的灯丝寿命也不会从 16 小时变为 1000 多个小时了。

课堂上，教授问道："世界第一高峰是哪座山?"如此小儿科的问题大家当然不屑作答，仅用最低的分贝附和："珠穆朗玛峰。"谁知教授紧接着

追问："世界第二高峰呢?"这下，大家可傻了，有人争辩道："书上好像没有见过!"

教授不置一词，再问："那么，第一个进入太空的人是谁?"不料，此次没有人敢回答了。不是忘记了加加林，而是因为大家都知道教授的下个问题，痛苦的是不知道第二个人是谁。教授转过了身，黑板上飞快出现了一行字：屈居第二与默默无闻毫无区别!

不是说一定要站在最前、永远第一，而是说积极向上的心态十分重要。在漫长的人生中，一定要力争向前，积极进取!完成了一个小小目标，不要骄傲，要再接再厉，继续往前走，制定更高的目标，然后努力去实现它。

世界上充满了尚未开发的才智和潜能，这些才能之所以一直被埋没，是因为我们还没有把它挖掘出来。每一个人，只要敢于挑战自我，必将表现得更卓越。

作为父母，当孩子取得了小小进步时，告诉孩子，现在还不是他可以停下来的时候，成绩属于过去，重要的是将来。

稳住脚步，逐步开发孩子的潜能

　　一个人生命的潜能究竟有多大呢？专家认为人的潜能犹如一座有待开发的金矿，蕴藏无穷，价值无比。这里有一个发生在日本的真实故事：

　　有一天，一位女士上街购物，把 4 岁的孩子单独留在家中。返回时，在住宅楼附近碰到熟人，就停下来说话。突然，她发现自己家 12 楼的窗子开着，孩子爬在窗台上正向她招手——她还来不及惊叫，孩子已经失足掉了下来——她丢下手中的东西，不顾一切地向孩子奔去。（请注意，她穿的是筒状裙子和高跟鞋。）

　　就在孩子快落地的一瞬间，她接住了孩子。

　　……

　　事后，人们做过一次模拟实验：从 12 楼窗口扔下一个枕头，让最优秀的消防队员从相同距离飞身去接，试了很多次，始终还差很远。

　　在人的天性中，有一种神奇的力量。这种日常生活中不曾唤起的精神力量一旦觉醒，将使凡人成为巨人。当处境危险时，这种神奇的力量就会爆发出来，以奇迹的方式使我们得救。而且，只要我们坚信这种力量，不畏惧任何失败，那么在任何困境下，我们都会自觉爆发这样的神奇力量，使我们永不言败！

　　作为父母，我们要相信孩子，只要他敢于去尝试，就有可能创造奇迹。相信并发掘孩子的潜能，他就可以战胜自己人性中的弱点，勇于接受挑战，把自己投进新条件、新情况、新问题中，破釜沉舟，背水一战。人的潜能

也遵循着"马太效应",越加以开发运用,就越多越强。记住,每个人的潜力都是无穷的。

虽然说孩子的潜力是无穷的,但是我们在开发孩子潜能的时候不能着急,想一步到位。这对孩子是没有好处的。如果我们定的目标过高,孩子完不成,会让孩子有一种挫败感,对自己没有自信,进而会更影响孩子水平的发挥。所以,家长要稳住脚步,逐步开发孩子的潜能。只有这样,才能让孩子一步一个台阶,芝麻开花节节高。

"凡事都要踏踏实实去做,不驰于空想,不骛于虚声,而惟以求真的态度作踏实的工夫。以此态度求学,则真理可明,以此态度做事,则功业可就。"这是李大钊的话。

所以,在引导孩子设定目标的时候不能浮躁,不能因望子成龙、望女成凤的心情急切而拔苗助长。

患有癫痫的人是不适合做体育运动的。但是派蒂·威尔森的父亲不这样认为。

当派蒂问他"我能不能像你一样每天清晨进行长距离晨跑"时,派蒂的父亲在经过短暂犹豫后对派蒂说:"可以啊,欢迎你陪着爸爸一起跑。"

派蒂说:"可是我有癫痫,中途发作怎么办?"

派蒂的父亲说:"不要怕,我知道如何处理,何况它并不会发生。"

派蒂第二天就开始和父亲一起晨跑。幸运的是,派蒂真的没有在运动过程中发生癫痫。

派蒂很快乐。在此之前,医生曾告诉她不能下水,不能打球,不能参加任何具有攻击性和体力消耗大的活动。现在看来,医生的话并不是十分正确。

几个星期后,派蒂突然对父亲说:"我想打破世界女子长距离跑步世界纪录。"

父亲听了,大吃一惊。对于一个没有经过专业训练,又患有癫痫的女孩来说,这无异于痴人说梦。

派蒂看出了父亲的疑虑,她说不是现在,而是等3年后,或者更长的

时间。

这 3 年里，她坚持不懈地锻炼，越跑越好。

3 年后，派蒂认为她可以冲击世界纪录了。她为自己订了一个计划，先从自己所居住的橘县跑到旧金山，然后到达俄勒岗州的波特兰，最后向白宫进发，距离约 3000 公里。

她从自己的家出发，经过整整 4 个月，从西岸到达东岸，最后到了华盛顿，并接受了总统的召见。她对总统说的第一句话是："我想让其他人知道，癫痫患者与一般人无异，也能过正常的生活。"

看了这段故事，父母们就会明白，其实我们培养孩子也是一样。我们无法一下子成功，把孩子培养成一个天才，只能一步步走向成功。在培养孩子过程中，不断地自我激励，培养自信心，纠正失误。无论遇到什么样的困难，都不能改变自己的目标航向，而是要不断地提高克服困难的勇气和毅力。

让孩子做好准备再去完成目标

有个很有自信的健壮青年来到一处伐木林场，看见门口高悬着一块告示，上面记载了某个人一日劈柴的最高纪录。这位青年很有把握地向林场主表示：虽然他没有算过自己的纪录，但只要给他 3 天的时间，他自信能够打破最高纪录。林场主听了很高兴，便给他一把利斧，并表示愿意提供高额的破纪录奖金，大家也对他寄予厚望。

第一天，年轻人很努力地劈柴，果然不负众望，只差最高纪录一点点。他心想：只要我明天早点起床，再努力点，打破纪录一定没有问题。

第二天，他起得很早，并且更卖力，但没想到成果却比昨天落后了。他心想：一定是睡眠不足，体力减退的关系。所以他当晚很早就睡了。

第三天天未亮，他便精神抖擞地开始劈柴，比前两天更认真，但一天下来，他劈的柴却更少了。

那年轻人觉得很奇怪，他那么努力，为什么成绩却越来越差。林场主也很纳闷地和大家一起检讨，后来才发现虽然给了年轻人上好的斧头，但这把斧头一连三天都没有再磨过，所以越用越钝。

由此，我们可以看出，无论做什么事情都要事先做好准备。也许在很多人看来，做事前计划有些多此一举，太耽误时间。可是任何时候都不要忘记：磨刀不误砍柴工。

如果缺乏预先准备的习惯，每次一有了任务就急于去完成，就难免每次都付出很多，收获很少。因为，这样总是会走一些弯路，很多时候不得

不重新开始，害得自己总是匆匆忙忙的。如果我们做事情之前，把事情分成几部分，经过慎重考虑后再着手进行。这样做起事情来会轻松很多，而且效率很高。

两个农民比赛谁的土豆窝挖得直。议定好之后，A 农民就拿起工具开始行动。他是怎么做的呢？挖第二个土豆窝的时候和第一个对齐，他以为这就是最妥当的方法。谁知，等到他挖完了一行的时候，发现自己的土豆窝已经向一边倾斜了很多。

这个时候，B 农民刚刚拿好工具，他先在田的另外一头插上了一根长长的竹竿，然后开始不紧不慢地挖起窝子来。不多时候，一条笔直的土豆窝线便出来了。

A 大惑不解，和 B 交谈起来。B 告诉他，在开始行动的时候，他先仔细考虑了究竟怎么做才能挖得直。他得出的结论是，要想直，需要从田地这边到田地那边定好一段笔直线段，单单两个土豆窝子是直的不行。于是他便在田那边竖起一根竹竿，照着竹竿的方向挖，一发现微妙的偏差，便开始调整。他评论 A 的方法说，看着前一个土豆窝决定第二个土豆窝的位置，如果第一个有所倾斜，第二个就会跟着倾斜，这样就越来越斜了。

提前做好准备，虽然看上去耽误了一点时间，但是会大大提高我们的办事效率。

每一个拜访过西奥多·罗斯福的人，都对他知识的渊博感到惊讶。哥马利尔·布雷佛写道："无论是一名牛仔或骑兵，纽约政客或外交官，罗斯福都知道该对他说什么话。"

他是怎么办到的呢？很简单。每当要有人来访的前一天晚上，罗斯福就开夜车，翻读这位客人特别感兴趣的题目。因为罗斯福知道，正如所有的领导者都知道，打动人心的最佳方式是：跟他谈论他最感兴趣的事物。而这，当然需要事先的充分准备。

"工欲善其事，必先利其器"。考虑行动中的每一个细节，选择最为合适的方法，这些准备工作可以帮我们节省大量的时间和精力，让我们在具体实施过程中游刃有余，信心倍增。

成功源自于每一次登高眺望

　　毕业于一所普通高校的王平刚进入投资公司时，才智平平，并没有什么特别之处，不过她的发展却比其他员工顺利一些，不到一年，她就成了办公室的副主任。王平的过人之处在于，她初涉职场时就很清楚"先利其器"的重要，提升技巧和能力会比埋头苦干更有效。聪明的王平知道，人就好比一台机器，要发挥出它的最佳效能，就得不时地为它加油加水，否则就会损耗得非常快。所以她时常参加各种培训班，提升职业技能，不断地自我增值。

　　我们有些人却是因为过于沉溺于某一项工作的繁杂细节中，而忘了采取必要的步骤使工作更简单、快速。提高自己的工作效率是我们任何时候都必须面对的现实。中国有一个谚语，叫做"磨刀不误砍柴工"。只有磨刀，才能更好地砍柴，砍更多的柴。

　　作为父母，我们应该告诉孩子，在实现某一目标之前，不要忙着去埋头苦干，有一项非常重要的事情要先做好，即准备工作。没有准备好，或者根本就没有准备，就仓促上阵，结果就像无头苍蝇，难免被碰得头破血流。

　　哲学家苏格拉底领着他的 3 个弟子来到一片麦田前，他对弟子们说："现在，你们到麦田里去摘取一颗自己认为最饱满的麦穗，每个人只有一次机会，采摘了就不能再换。"

　　3 个弟子欣然前行。第一个弟子没走多远，就看到一颗大麦穗，如获至宝地摘下。可是，越往前走，他越发现前面的麦穗远比手中的饱满。他懊恼而归。

　　第二个弟子吸取前者的教训，每看到一个大麦穗时，他总是收回自己伸出去的手，心想：更大的麦穗一定在前头。麦田快走完时，两手空空的弟子情知不妙，想采一颗，却又觉得最饱满的已经错过。他失望而归。

　　第三个弟子很聪明。他用前三分之一的路程去识别怎样的麦穗才是饱满的麦穗，第二个三分之一的路程去比较判断，在最后的三分之一的路程里他采摘了一颗最饱满的麦穗。他自然满意而归。

　　想想你自己做事属于上述哪一种类型。你自己是否也曾因为做事方法

不对而后悔或失望过?

父母应该告诉孩子,在做事之前尽量做好准备工作,知道自己该做什么,如何做好。在对各种情况有了清晰的认识和充足的准备之后再采取行动,这样,才能稳扎稳打,事半功倍,轻松获得成功。

让孩子向着目标，努力到底

有一天，俄罗斯的著名作家克雷洛夫正在大街上行走，一个年轻的农民拦住他，向他兜售苹果："先生，请你买些果子吧。但我要告诉你，这筐果子有点酸，因为我是第一次学种果树。"年轻的农民很笨拙地说着。

克雷洛夫对这个憨厚、诚实的农民产生了好感，于是买了几个果子，然后说："小伙子，别灰心，只要努力，以后种的果子就会慢慢地甜起来了，因为我种的第一个果子也是酸的。"

农民听了之后很高兴，问："你也种过果树？"

克雷洛夫笑着解释说："我的第一个果子是我写的《用咖啡渣占卜的女人》，可是这个剧本直到现在也没有一个剧院愿意上演。"

与克雷洛夫的写作命运相近，海明威最初寄出的几十个短篇全部被退了回来；莫泊桑直到30岁才发表第一篇作品。

其实，第一个果实常常是酸的，这是古今中外、古往今来生活中的一个普遍现象。但只要坚持自己的目标，努力下去，总会种出甜的果子来。萧伯纳曾经说过这样充满哲理的话："多走一步，就可以缩短一步接近成功的距离。胜利就在前方，你的任务就是坚持，就是再多走一步！"

前苏联火箭之父齐奥尔科夫斯基10岁时染上了猩红热，持续几天的高烧，引起了严重的并发症，使他几乎完全丧失了听觉，成了半聋。他默默地承受着孩子们的讥笑和无法继续上学的痛苦。他的父亲是个守林员，整天到处奔走，因此教他读书写字的担子就落在了妈妈身上。通过妈妈耐心

细致的讲解和循循善诱的辅导，他进步得很快。

可是当他正在充满信心地自学时，母亲却患病去世了，这突如其来的打击，使他陷入了极大的痛苦。他不明白，生活的道路为什么这么难？为什么这么多的不幸都落到了自己的头上？自己今后该怎么办？父亲抚摸着他的头说："孩子！要有志气，靠自己的努力走下去。"是啊！学校不收，别人嘲弄，今后只有靠自己了！

年幼的齐奥尔科夫斯基从此开始了真正的自学道路。他从小学课本、中学课本一直读到大学课本，自学了物理、化学、微积分、解析几何等课程。这样，一个耳聋的人，一个没有受过任何教授指导的人，一个从未进过中学和高等学府的人，由于始终如一地勤奋自学、刻苦钻研，终于成了一个学识渊博的科学家，成为现代航天学和火箭理论的奠基人。

对学习的渴望，对目标的坚持不懈，让齐奥尔科夫斯基走上了一条艰辛的道路。只有坚持不懈的人，明天才会有所收获。确立了目标，只要全力以赴地去努力，必然会有所回报。

伟大的希腊演说家德谟克利特因为口吃而胆小羞怯。他父亲留下一块土地给他，想使他富裕起来。但当时希腊的法律规定，他必须在声明土地所有权之前，先在公开的辩论中战胜所有人才行。口吃加上害羞使他惨败，结果丧失了这块土地。从此他发奋努力，创造出了人类历史上空前的演讲高潮。历史忘记了那位获得他财产的人，但一连几个世纪，世界各地的学童都在聆听德谟克利特的故事。

曾被纽约世界美术协会推举为当代第一大画家的张大千先生，博采众长，独成一家，绘画技艺高超。他的许多代表作都被世界各国的美术家们公认为世界美术宝库中的珍品。然而鲜为人知的是，他第一次成功的画作卖出后仅换得80个铜板。在当时，80个铜板只能买2斤腊肉。张大千这一个成功之果并未给他带来丰厚的报酬，但他并未因此而放弃追求成功的决心和斗志。

英国作家萧伯纳在初学写作之时，给自己规定每日必须完成5页稿子的写作任务。就这样苦苦写了4年，总共才得到30英镑的稿费。但萧伯纳并未因此而灰心丧气，而是鼓起勇气继续写作。又这样苦苦写了4年，陆

续写出了 5 部长篇小说，先后向 60 多家出版社投稿，全部遭到无情的拒绝。在退稿信上，有的编辑甚至直言不讳地说他根本不是写作的材料，并劝他放弃自己的写作生涯。但萧伯纳仍然不气馁，坚持每天写一定数量的文章。又继续这样苦苦写了 4 年，天道酬勤，他终于成为英国 20 世纪最伟大的作家之一。

这是一位匈牙利木材商的儿子，由于从小生得呆笨，人们都喊他"木头"。12 岁时，他做了一个梦，梦到有个国王给他颁奖，因为他写的字被诺贝尔看上了。当时，他很想把这个梦告诉谁，但因怕人嘲笑，最后只告诉了妈妈。妈妈说，假若这真是你的梦，你就有出息了！我曾听说，当上帝把一个美好的梦想放在谁心中时，他是真心想帮助谁完成的。

男孩信以为真。从此他真的喜欢上了写作。

"倘若我经得起考验，上帝会来帮助我的！"他怀着这份信念开始了他的写作生涯。

3 年过去了，上帝没有来；又 3 年过去了，上帝还是没有来。就在他期盼上帝前来帮助他的时候，希特勒的部队先来了。因为是犹太人，他被送进了集中营。

在那里，600 万人失去了生命，他活了下来。1965 年，他终于写出他的第一部小说《无法选择的命运》；1975 年，他又写出他的第二部小说《退稿》；接着他又写出一系列的东西。

就在他不再关心上帝是否会帮助他时，瑞典皇家文学院宣布：把 2002 年的诺贝尔文学奖授予匈牙利作家凯尔泰斯·伊姆雷。他听到后，大吃一惊，因为这正是他的名字。

当人们请这位名不见经传的作家谈谈获奖的感受时，他说："没有什么感受！我只知，当你说'我就喜欢做这件事，多困难我都不在乎'，这时，上帝会抽出身来帮助你。"

作为父母，我们可以从这些故事中看到：只要锁定目标，全力以赴，那么终有一日定会成功。当我们的孩子在实现自己目标的过程中遇到困难而畏缩的时候，我们要告诉孩子，向着目标，努力到底。

第七章

吃苦是极具价值的人生经历

  人生路途遥远，困难如影随形。不要觉得人生太辛苦，许多事，只要想做，都能做到。该克服的困难，也都能克服。只有在困境中，才能磨炼出坚韧不拔的意志。

  困境没有你想象得那么难，只要你愿意吃苦。困境即是赐予，只要你愿意，任何一个障碍，都会成为一个超越自我的契机。

  华尔街富商现在的风光并不是一帆风顺的，他们是从困境中走出来的。吃苦是极具价值的人生经历，所以，作为父母，不要心疼让孩子吃一点点苦。

在华尔街，汗水才是真金

做过股票投资的人大都知晓彼得·林奇这位传奇的投资大师。他在管理富达麦哲伦基金 13 年间取得了巨大成绩：使麦哲伦基金的管理资产从 2000 万美元增至 140 亿美元，年平均复利报酬率高达 29％，麦哲伦基金也由此成为世界上最成功的基金。

有人总结彼得·林奇连续 13 年战胜市场的三个主要原因：林奇比别人更加吃苦；比别人更加重视调研；比别人更加灵活。列举的数据是每年他要访问巨量的公司，每天要比普通经理人超额工作多少个小时等。这些都是彼得·林奇全身心投入的印证。

华尔街中国女强人萧霞回顾起往事，坦诚地说："我至今难忘当年点灯熬油加夜班，一连多天睡不了觉，极度的疲劳与压力，让我多次面对电脑掉眼泪……"

吃苦，对华尔街精英来说算不上是考验，而是如同家常便饭。没有汗水，就没有收获。没有吃苦的精神就难成大事。

吃苦耐劳能磨炼人的意志。台湾"三胜制帽"董事长戴胜通就是这样一个人。

在谈到戴胜通的事业时，他说道："卖帽子是我们的家传事业。1971 年，一顶帽子约 20 元新台币，我卖一顶大概可以赚 2 元。我每天的工作就是骑着一辆破旧的摩托车，清早出门到清水、大甲等地，和编制帽子的大婶们打交道，收购她们手编的帽子，集到一定数量后，再整批载到各地，

批给各帽行。春天的时候，我载着整批簇新的帽子，从屏东出发到凤山、高雄、台南……一路到基隆，一家家地拜访商店，请求寄售我的帽子。这是一段辛苦却充满希望的旅程，我常会一路盘算3个月后可能的收益，并计划有一定的收入后，要为自己或家人买什么礼物。

我的梦想常在七八月份收账时碎成片片。七八月份帽子市场的旺季，我会骑上摩托车从清水家乡出发，先到屏东，沿春天时发放帽子的路线一路北上收钱。有一回，我到头份一家店收钱，在那里待了两个小时，老板故意忙里忙外，正眼都不瞧我一下，后来他3岁的孩子拉大便，弄得一屁股都是，我闲着没事就帮那孩子擦屁股。老板或许被感动了，很不情愿地把钱给我，我把钱揣在口袋里，跨上摩托车，泪在眼中打转，心比摩托车托车后座被退货的帽子还陈旧、纷乱……那时，一个工人两天可以编一顶帽子，每月我可以收购、转卖大约3000顶，全数内销。现在我的工厂每个月生产200万顶，卖到世界各地。想当年，我能为老婆做的比较奢侈的事，也只是半夜自台北谈完生意回到清水时，顺便在面摊给她带一只鸭腿当宵夜，我清楚记得老婆睁着惺忪睡眼吃鸭腿的满足神情……"

霍英东这个香港经济界的巨擘是众所周知的。他在香港经营房地产、航运、建筑、旅馆、酒楼、百货、石油等多方面的行业。在他名下已有"有荣"、"立信建筑置业"、"信德"等60多家公司企业。

霍英东祖籍广东番禺县，1922年生于香港，并在香港长大。他的生活曾经过得很艰难：抗日战争爆发，霍英东不得不放弃学业去当苦力、学徒、工人。18岁那年，他找到的第一件差事是在轮渡上当加煤工，由于工作不称职被老板辞退。后来日本人扩建机场，他去那儿当苦力，日报酬是7角钱和半磅配给米。那时他每天只吃一碗粥和一块米糕，肚子老唱"空城计"，饿得头晕眼花。一个营养不良、体弱无力的年轻人当搬运工，其艰辛可想而知。有一天由于不小心，一个50加仑的煤油桶砸断了他的一个手指，工头动了恻隐之心给他安排了较轻的修理货车的工作。他渴望驾车。一天，他试着启动一辆车，谁知此车有毛病，刚一启动就撞到了别的车上，老板火了，将其解雇。后来他又当过船上的铆钉工、实验室的制糖工等。

童年时代的贫苦家境，坎坷的生活煎熬磨炼了霍英东的意志，也培养了他自强不息的奋斗性格。

这是百度总裁李彦宏的经历：1991年，李彦宏再一次挤过了独木桥，收到美国布法罗纽约州立大学计算机系的录取通知书。正值圣诞节，23岁的李彦宏背着行囊，穿云破雾，踏上了人生的第二次征程。美国纽约州布法罗市一年有6个月飘着雪。在这里，他忍受过夜晚彻骨的冰冷。白天上课，晚上补习英语，编写程序，经常忙碌到凌晨两点。在这里，他经历过中国留学生初来乍到的所有困苦。"现在回想起来，觉得当时挺苦的，但年轻就应该吃苦。世间总有公道，付出总有回报。"李彦宏如是说。

吃苦耐劳也是一种资本。它会使人在今后的人生旅途中遇事不惊，化险为夷。将吃苦耐劳与成功绝对分开是不可能的。没有汗水怎会有收获呢？成功是对吃苦耐劳的奖赏。倒是那些在顺境中成长起来的人，在人生求索的征途中要时时提防暗礁的袭击。

每个想成功的人都应具备吃苦耐劳的品质，不要轻视它，而要欣赏它。当获得成功时，你就会明白，原来吃苦耐劳对人生来说是多么重要啊！

没有谁喜欢苦难，但成功者大多是从苦难中走出来的。在现代社会中成长起来的孩子，由于从小受到父母的精心照料、全心呵护，很少体验到生活的艰辛。如果不从现在开始有意识地磨炼意志，吃点"苦"，那么，他们长大后就很难适应社会，无法经受生活的考验。

与其送一份礼物，不如送一份磨炼

生物学家说，飞蛾在由蛹变为茧子的时候，翅膀萎缩，十分柔软；在破茧而出时，必须要经过一番痛苦的挣扎，身体中的体液才能流到翅膀上去，翅膀才能坚韧有力，才能支持它在空中飞翔。

一天有个人凑巧看到树上有一只茧蠕动，好像有飞蛾要从里面破茧而出，于是他饶有兴趣地准备见识一下由蛹变飞蛾的过程。

但随着时间一点点过去，他变得不耐烦了，只见飞蛾在茧子里面奋力挣扎，将茧子扭来扭去的，但却一直不能挣脱茧的束缚，似乎是再也不可能破茧而出了。

最后，他的耐心用尽，就用一把小剪刀，在茧子上剪了一个小洞，让蛾摆脱束缚容易一些。果然，不一会儿，飞蛾就从茧子里很容易地爬了出来，但是它身体非常臃肿，翅膀也异常萎缩，耷拉在两边伸展不起来。

他等着飞蛾飞起来，但那只飞蛾却只是跌跌撞撞地爬着，怎么也飞不起来，又过了一会儿，它就死了。

任何一种本领的获得都要经由艰苦的磨炼。梅花香自苦寒来，宝剑锋从磨砺出。任何投机取巧的做法都是拔苗助长般愚蠢的行为，那只飞不起来的飞蛾的经历就证明了这一切。

在《送东阳马生序》中，有关于儒学大师宋濂的记载。宋濂背着沉重的书箧子，拖着磨破了的鞋子，在深山巨谷中行走数十里去上课，可他不

觉得苦；他的同学都是"绮绣宝饰"，而他的穿着简陋寒酸，可他没有一点羡慕之意。

除此之外，还有路温舒的蒲编书，公孙弘的削竹简，朱买臣的负薪而诵，刘勰的僧寺夜读，范仲淹的断齑划粥，王羲之的院中墨池，祖逖的闻鸡起舞，孙敬的头悬梁，苏秦的锥刺股，车胤的萤入疏囊，孙康的雪映窗纱，匡衡的凿壁偷光，孔子的韦编三绝……

所有获得成就的人都吃了很多的苦，经历了常人无法体会的磨难与艰辛。

我们都知道远渡日本的名僧鉴真，鉴真大师刚刚遁入空门时，寺里的住持让他做了谁都不愿做的行脚僧。

有一天，日已三竿了，鉴真依旧大睡不起。住持很奇怪，推开鉴真的房门，见床边堆了一大堆破破烂烂的瓦鞋。住持叫醒鉴真问："你今天不外出化缘，堆这么一堆破瓦鞋做什么？"

鉴真打了个哈欠说："别人一年一双瓦鞋都穿不破，我刚剃度一年多，就穿烂了这么多的鞋子。"

住持一听就明白了，微微一笑说："昨天夜里落了一场雨，你随我到寺前的路上走走看看吧。"寺前是一段黄土坡，由于刚下过雨，路面泥泞不堪。

住持拍着鉴真的肩膀说："你是愿意做一天和尚撞一天钟，还是想做一个能光大佛法的名僧？"鉴真答："想做名僧。"

住持捻须一笑："你昨天是否在这条路上走过？"鉴真说："当然。"

住持问："你能找到自己的脚印吗？"

鉴真十分不解地说："昨天这路又干又硬，哪能找到自己的脚印？"

住持又笑笑说："如果今天我们在这路上走一趟，你能找到你的脚印吗？"鉴真说："当然能了。"

住持听后，微笑着拍拍鉴真的肩说："泥泞的路才能留下脚印，世上芸芸众生莫不如此啊。那些一生碌碌无为的人，没有吃过什么苦，就像一双

179

脚踩在又平又硬的大路上，什么也没有留下。"鉴真恍然大悟。

但凡有所作为的人，哪一个不是经历千百次磨炼的人？因此，作为父母，我们要从小磨炼孩子的意志力，这为他日后的成长可以说有着举足轻重的作用。

家长都知道，社会竞争绝不仅仅是知识和智能的较量，而更多的则是意志和毅力的较量，没有经过磨炼的蜕变，是不可能在激烈的竞争中获胜的。

我国民间有一个习俗，给新生儿先喂以大黄，然后喂以甘草汁，之后才是正常喂食。另外，白族人民独特的待客之道就是著名的"三道茶"，第一道：苦茶；第二道：甜茶；第三道：回味茶。大黄略带苦味，甘草微甜，如此"先苦后甜"与三道茶一样，包含着一定的人生哲理。那就是做人做事要先吃苦，然后才能吃到甜。

作为父母，孩子刚出生我们就让其经历磨炼，可是真正的磨炼并不仅仅是让其品尝味觉的苦，我们不应该总是守护在孩子身边，而是要让他们走出去，自己去尝试吃苦，并在吃苦的过程中磨炼自己的意志。

美国亿万富翁洛克菲勒家族鼓励孩子自己去挣钱，擦一双皮鞋 5 美分，一双靴子 20 美分，目的就是要培养孩子的吃苦精神。

苏轼的父亲深知"吃苦是黄金"的道理，所以在苏轼两兄弟应试期间，每天只给他们吃一碗米饭、一碟萝卜加一小撮盐。

据说在日本，为了让自己的后代依然保存父辈创业的秉性，不少学校特设立劳动场所，让孩子们使用锉刀、榔头，目的是学会吃苦。日本的阳光幼稚园认为，如果一个人能经受住一年四季风霜雨雪的考验，他必定会体格健壮，意志刚强。无论严冬酷暑，这所幼稚园的孩子都只穿蓝色运动短装，白色运动鞋。其实阳光幼稚园并没有硬逼着孩子们脱掉衣服，但孩子们都争着这样做了。一个 6 岁的小女孩在寒冷的教室里做美术作业，只穿了件薄衣裤，因为不怕冷，她已经连续两年受到校方嘉奖。每天早晨，这里的孩子都要光着上身，喊着"奋斗！"沿着街区长跑，增强御寒能力。

日本阳光幼稚园的做法，在理念上或许提供给我们一些有益的思考。

　可见，在任何年代，任何地域，人们都达成了共识，那就是"只有经历艰苦的磨砺，才会有锋利的宝剑"。父母也应该做到这点，给孩子点磨炼，比什么都重要。

让孩子记住，天下没有免费的午餐

巴勒斯坦境内，有两个名为"海"的湖泊，这两个著名的湖泊各有各的特色。

其中一个叫"加黎利海"，是一个很大的湖泊，水质清澈甘甜，可以供人们饮用，因为湖底清澈无比，连鱼儿们在水中悠游的景象也清晰可见，而附近的居民更是喜欢到此处游泳和嬉戏。加黎利海的四周全是绿意盎然的田园景观，因为环境清幽，许多人将他们的住宅与别墅建在湖边，享受这个有如仙境的美丽景致。

另一个名为"死海"，也是个湖泊，然而，正如其名，水是咸的而且有种怪味道，不仅人们不敢拿来饮用，连鱼儿也无法在这个湖泊中生存。在它的岸边，连株小草都无法生长，更别提人们选择在这里居住了。

令人好奇的是，这两个湖泊其实同出于一个源头。

后来人们发现，它们会有这么大的不同，是因为"一个有'接受'也有'付出'；另一个则是'接受'后便'存留'起来"。

原来，在加黎利海里，有入口也有出口，当约旦河水流入加黎利海之后，水会继续流出去，如此一来，水流不仅生生不息，也会不断地循环更换，水质自然清澈干净了。

至于死海则只有入口没有出口，当约旦河水流入之后，水就被完全封锁在死海里。于是，在这个只进不出的湖泊中，所有的污水或废水也全都汇聚在这里，因为只知自私地保留己用，最后的结果便如它的名字，成为

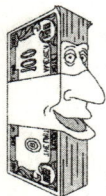

没有人愿意亲近的死海。

因为肯付出，加黎利海的收获，正是干净的湖水与热闹的人潮，它就像辛勤耕作的农夫，天天耕耘，努力付出，自然会得到应有的成果。

至于一味地接受而没有付出的死海，结果则是贫瘠与足迹罕至。它就如一个不问付出只问收获的农夫，撒下种子之后，便任由秧苗生长，即使杂草丛生、土壤干涸也置之不理，那么到了秋收时节，他又怎么能看见丰收的景象呢？

科学家爱因斯坦曾经提醒我们："请记住，人是为别人而生存的。我们的精神生活和物质生活都依赖着别人的劳动，我们必须以同样的分量来报偿我们所领受了的和正在领受着的东西。"一个人如果只考虑自己的利益，只知道接受，而在接受之后不懂得付出，结局将是让人难以忍受的。

有付出就会有回报，甚至，有的时候回报往往超过我们预期的，能给人惊喜。荷兰的一个小渔村里，曾经有位勇敢的少年以实际行动，阐释了什么是"无私奉献的报偿"。

那是一个漆黑的夜晚，巨浪击翻了一艘渔船，船员们的性命危在旦夕。他们发出了求救信号，而救援队的队长正巧在岸边，听见了警报声，便紧急召集救援员，立即乘着救援艇冲入海浪中。

当时，忧心忡忡的村民们全部聚集在海边祷告，每个人都举着一盏提灯，以便照亮救援队返家的路。

一个小时之后，救援艇冲破了浓雾，向岸边驶来，村民们喜出望外，欢声雷动，当他们精疲力竭地跑到海滩时，却听见队长说："因为救援艇的容量有限，无法搭载所有遇难的人，无奈只得留下其中的一个人。"

原本欢欣鼓舞的人们，听见还有人危在旦夕，顿时都安静了下来，所有人的情绪再次陷入担忧与不安中。这时，来不及停下喘息的队长开始组织另一队自愿救援者，准备前去搭救那个最后留下来的人。

16 岁的汉斯立即上前报名，他的母亲连忙抓住他的手，阻止说："汉斯，你不要去啊！10 年前，你的父亲在海难中丧生，而 3 个星期前，你的哥哥保罗出海，到现在也音讯全无啊！孩子，你现在是我唯一的依靠，千

万不要去!"

看着母亲,汉斯心头一酸,却仍然强忍着心疼,坚强地对母亲说:"妈妈,我必须去,如果每个人都说'我不能去,让别人去吧',那情况将会怎么样呢?妈妈,您就让我去吧,这是我的责任,只要还有人需要帮助,我们就应当竭尽全力地救助他。"

汉斯紧紧地拥吻了一下母亲,然后义无反顾地登上了救援艇,和其他救援员一起冲入无边无际的黑暗中。

一小时过去了,虽然只有一个小时,但是对忧心忡忡的汉斯母亲来说,却是无比漫长的煎熬。忽然,救援艇冲破了层层迷雾,出现在人们的视野中,大家还看见汉斯站在船头,朝着岸边眺望,岸边的众人不禁向汉斯高喊:"汉斯,你们找到留下来的那个人了吗?"

远远地,汉斯开心地朝人群挥着手,大声喊道:"我们找到他了,他就是我的哥哥保罗啊!"

当汉斯找到哥哥的时刻,是怎样的一种感慨呢?虽然我们没有身临其境,但是仍能深深地感受到,付出与回报是成正比的,有时甚至回报更丰厚一些。

作为父母,我们深谙没有付出就没有回报这一道理,可是在日常的家庭教育过程却往往忽视了让孩子懂得付出。现在的孩子大多都是独生子女,我们习惯于时时处处呵护他们,保护他们。也许就因如此,我们的孩子只会索取,不会付出。若孩子长大了带着这种心理走上社会,岂不处处碰壁,更谈何立足社会。

所以,父母要告诉孩子,世上没有免费的午餐,要想收获,首先要学会付出。付出会让孩子感到快乐,付出会让孩子收获成功。

要养"苦工"，不养"皇帝"

中国孩子在国际上越来越声名显赫了：数学奥林匹克大赛，物理奥林匹克大赛，钢琴大赛，绘画大赛……尽管拿奖的、夺冠的越来越多，可是，有一样，我们却根本无法跟外国孩子相比，那就是劳动态度。美国孩子每天的家务劳动时间是 1.2 小时，韩国孩子每天 0.7 小时，英国孩子每天 0.6 小时，法国 0.5 小时，日本 0.4 小时，而中国孩子每天家务劳动的时间却连 0.2 小时都不够，只有 11.32 分钟！

上海某大学近几年对录取的新生做的关于生活自理的调查表明，有 60% 以上的人不会自己挂蚊帐，许多大学生在入学前没有亲手洗过一件衣服。一项对长春市某高校一个班 25 名学生的调查，有 24 名不会缝补衣服，不会钉扣子。某县妇联对该县一所重点中学初一学生家务劳动调查结果表明，从没有洗过一件衬衣的占 79%，不会煮饭的占 84%，不会或不敢用电饭锅、液化气炉的占 67%。据北京市家教学会对某小学的一个班的调查，该班 44 名学生中，家长每天给整理书包的占 39%，给洗手绢的占 66%，给穿衣服的占 59%。

是中国的孩子天生就偷懒怕累？当然不是。这现状是我们的父母一手造成的。在《北京青年报》对父母的问卷中，当问到"你最关心、看重孩子什么？"71.4% 的父母回答是"孩子的学习"，而关心孩子劳动的父母仅占可怜的 14.3%。

一位妈妈在家教 4 岁多的女儿洗碗，街坊阿姨来串门，惊讶地说："孩

子这么小就洗碗呀！我可不让我们家的大宝做这些事情。"妈妈说："小孩子做些家务事有好处的。"阿姨不屑地说："会干活有什么出息？瞧我干了一辈子的活，现在下岗了。我可不能让大宝像我一样。有干活的时间，不如学认字、算术……"

全中国的父母并没有在一起开过会，但他们却都会说同样的一句话："只要你把学习搞好了，别的什么都不用你管，什么活儿也不用你干。"

阿姨的话有相当的代表性，其结果是我国孩子的劳动能力每况愈下。这是在爱孩子吗？不是。这是在害孩子。

世界船王包玉刚则很注重孩子们的家务劳动。在他的严格要求下，他的 4 个女儿和女婿担当起了饭后收拾餐桌和洗碗的角色。包玉刚还处处以身做则，争干家务活，这使他提倡的劳动家风得以继承发扬。

诺贝尔奖获得者杨振宁教授曾经谈及中国孩子与外国孩子的比较：中国的一般小孩对于动手比较不感兴趣，也常常没有机会。美国的孩子恰恰与中国相反。中国人并没有天生不会动手的问题。事实上，给孩子机会动手的话，我想会有好处的。

短短的几句话，道出了国民对劳动教育认识上的缺陷。关于孩子劳动，美国哈佛大学的学者威特伦花 40 年时间，追踪了 256 名波士顿少年，得到的结论是：从小爱劳动、能干事的孩子成年后，比起当初不爱劳动的孩子，与各种人保持良好关系的多 2 倍多，收入多 5 倍，失业率只是后者的 1/16，健康状况也好得多，生活过得美满充实。因为劳动能使孩子获得各种能力，在遇到生活中的实际困难时更善于自力更生去解决问题。

中国城市独生子女人格调查中也有三个重要的发现印证了劳动对于健康人格的作用：（1）独生子女劳动的时间越长，其独立性越强；（2）独生子女劳动的时间越长，越能吃苦，越有利于形成勤劳节俭的品德；（3）在家中做力所能及的事情的孩子，情绪比较稳定，心理问题较少，学习自觉性与责任感较强。

一位教育家说："会生煤炉的孩子最懂得工作的步骤，因为他积累了经验，掌握了规律，他的能力在各种场合又互相迁移。而很少劳动的孩子就

会失去这一切。"

教育家苏霍姆林斯基曾语重心长地告诫父母们："不要把孩子保护起来而不让他们劳动，也不要怕孩子的双手会磨出硬茧。要让孩子知道，面包来之不易。这种劳动对孩子来说是真正的欢乐。通过劳动，不仅可以认识世界，而且可以更好地了解自己。劳动是最关心、最忠诚的保姆，同时也是最细心、最严格的保姆。"

在德国，人们早已注意到劳动对孩子的重要性，他们甚至把孩子的劳动义务明明白白写到了法律里：孩子必须帮助父母做家务。6 岁～10 岁的孩子要帮助父母洗餐具、收拾房间、到商店买东西；10 岁～14 岁的孩子要在花园里劳动、洗餐具、给全家人擦皮鞋；14 岁～16 岁的孩子要擦汽车和在花园里翻地；16 岁～18 岁的孩子要完成每周一次的房间大扫除。

劳动创造世界；劳动创造人类；劳动是人类的第一需要；不劳动者不得食……这些观点反映的客观真理，永远不会过时。而且，广大家长一直都在亲自实践着这些观点。要做一个真正的人，就必须爱劳动。爱劳动一直是中华民族的传统美德。

劳动对孩子健康地发展与成长有着不可或缺的积极作用：劳动有利于孩子心灵手巧，爱干活、会干活的人多具有这个优势；劳动有利于形成良好的个性品质，如勤劳独立，有责任心，有坚持性等；劳动有利于发展智慧，促使孩子动脑筋，锻炼动手能力；劳动还有利于孩子强身健体，丰富生活等等。

所以，作为父母，我们应该培养孩子的劳动热情和劳动习惯，不要把孩子供起来当"皇帝""公主"养。

给予不如自取，溺爱不是真爱

从前有个人在沙漠中迷失了方向，饥渴难忍，濒临死亡。可他仍然拖着沉重的脚步，一步一步地向前走，终于找到了一间废弃的小屋。这间屋子已久无人住，风吹日晒，摇摇欲坠。在屋前，他发现了一个吸水器，于是便用力抽水，可滴水全无。他气恼至极。忽又发现旁边有一个水壶，壶口被木塞塞住，壶上有一张纸条，上面写着："你要先把这壶水灌到吸水器中，然后才能打水，但是，在你走之前一定要把水壶装满。"他小心翼翼地打开水壶塞，里面果然有一壶水。

这个人面临着艰难的抉择，是不是该按纸条上所说的，把这壶水倒进吸水器里？如果倒进去之后吸水器不出水，岂不白白浪费了这救命之水？相反，要是把这壶水喝下去就会保住自己的生命。最终一种奇妙的灵感给了他力量，他下决心照纸条上说的做，果然吸水器中涌出了泉水。他痛痛快快地喝了个够。休息一会儿后，他把水壶装满水，塞上壶塞，在纸条上加了几句话："请相信我，纸条上的话是真的，你只有把生死置之度外，才能尝到甘美的泉水。"

这是一个让人回味再三的故事，给予是人生最美妙的事情。能给予别人也是自己的幸福。我们父母时常会沉溺于对孩子的无私付出，沉溺于对孩子的给予。因为我们认为为孩子付出不仅让孩子幸福，同样自己心里也感到暖暖的。给予虽说是幸福的，但有时给予孩子太多，反而对孩子是一种伤害。

曾问过一些妈妈在家是否要求孩子劳动，有的妈妈竟说："我疼都来不及，还忍心让孩子劳动？"也有的说："叫孩子做事更麻烦，还不如我帮他做了。"所以三四岁的孩子还要喂饭，还不会穿衣，五六岁的孩子还不做任何家务事，不懂得劳动的愉快和帮助父母减轻负担的责任。这样包办下去，必然失去一个勤劳、善良、富有同情心的能干、上进的孩子。

为了绝对安全，很多父母不让孩子独自走出家门，也不许他和别的小朋友玩。父母用自己大部分的业余时间陪孩子，给予着孩子无微不至的照顾。所以，有的孩子成了"小尾巴"，时刻不能离开父母或老人一步，搂抱着睡，偎依着坐，驮在背上走。如此，孩子不但变得胆小无能，缺乏自信，依赖心理严重，还往往成为"窝里横"，在家里横行霸道，到外面却胆小如鼠，造成严重的性格缺陷。

有一个流传很广的故事：从前有一个杀人犯，在他即将走向刑场的时候向法官提出了一个要求，想见他母亲最后一面。法官同意了他的请求。于是他的母亲被带到了儿子面前。面对悲痛欲绝的母亲，儿子向母亲提出了最后的请求：妈妈，我能不能再吃您最后一口奶？欲哭无泪的老母默然地点点头。随后是一声惨叫，只见这位母亲的奶头被其儿子咬了下来。接着儿子说道："妈，你为什么从小不好好地教训我，为什么你对我放纵溺爱，导致我今天无法无天而走上了犯罪的道路？你要对我的死负责！"母亲愕然地看着自己的儿子，无言以对。

这个故事说明了父母过于溺爱孩子，终会自食恶果，当为溺爱教育敲响的警钟。

一些教子无方的富豪们对子女或溺爱，或纵容，致使其坐享其成，庸庸碌碌，无所作为，有的甚至走上犯罪的道路，下场实为可悲。比如巴伐利亚王子才 9 岁时便已经拥有了 29 亿美元，他每日在宫中由 75 名仆役伺候，出门时还要坐防弹车。其 9 岁生日的当天，王室竟出资百万元请歌坛巨星陪他游玩欧洲的迪斯尼乐园。而文莱王储 15 岁行"成人礼"时，竟使全国百姓为其通宵达旦地狂欢了四昼夜。如此娇惯的王子恐怕登基之后也是个昏君。香港某大亨的儿子自小就过着超贵族化的生活，不仅顿顿山珍

海味，就连所用的瓷碟都是逾千元，每理一次发需 200 多元。另外大亨还定期让孩子参加舞会等社交活动，举手投足都是贵族礼节。尽管孩子过着富足的生活，但小小年纪已经失去了儿童应有的灵性。

溺爱满足的仅仅是一种替代和补偿的需要，而绝不会是孩子对爱、安全感和社会认同感的追求。所以，从现在开始，家长，请扔掉你手中的"甜毒品"吧！

父母要想改掉溺爱孩子的习惯，第一步就要给孩子定出一个界限，让孩子能够接受你说"不"。比如孩子已经有了 20 辆玩具小汽车，当他缠着你再买一辆；或者临睡前已经讲完了第三个故事，孩子还要你再讲的时候，就一定不要再对孩子让步。

父母不要认为孩子是你全部的生活内容，不要让自己成为孩子的牺牲品。你也有自己的需求，请你不要忽视这一点。如果孩子的要求越来越过分，你就一定要及时制止，让孩子明白：在家里，在获取的同时，也要付出，爸爸妈妈和他一样，也有自己的需求。

总之，成功的家教方略就是让子女摆脱对父辈金钱的依赖心理，辛勤工作，独立成长，为自己的理想而奋斗。

让孩子在与穷人的对比中品读生活

孔子被后人称为圣人。他出身于没落的奴隶主贵族，父亲曾做过鲁国大夫，但家道中落，少年贫困，所以他说："吾少也贱，故多能鄙事，君子多乎哉？不多也！"他在比较贫困的境况下刻苦学习，获得了广博的学问。后来他虽曾做到鲁国大官，但为时不长。他周游列国，仕途不顺利，于是回鲁国，专心教育，培养人才，有弟子三千，贤者七十二。

墨子出身比孔子穷苦多了，他被人称为"布衣之士"，也以"鄙人"自称。他的手工技艺很好，能为木鸢，而且深谙战术，长于兵器。公输般为楚国造云梯之械，将以攻宋，墨子听说此事，就从鲁国起身走了十天十夜，足重茧而不休息，裂裳裹足，才到楚都郢。后世一直流传着他止楚攻宋的传说。他还称道夏禹治水，能做到"腓无胈，胫无毛，沐甚雨，栉疾风"的"形劳天下"，并使"后世之墨者多以裘褐为衣，又跂蹻为服，日夜不休，以自苦为极"。

庄子穿着打了补丁的布衣，破的鞋子，曾穷到向富贵者借粟的地步。他做过小官，后终身不仕，一生安贫乐道。他的博学和善于写散文，在先秦诸子中也许无出其右者。

许行在先秦是唯一的农民思想家，完全站在农民的立场上说话。他与其门徒从事农耕，提倡君民并耕，而且言行一致，难能可贵。

以上儒家祖师孔子、墨家祖师墨子、道家的集大成者庄子、农家的代表许行，穷苦的程度虽有不同，但都能立志奋斗，在吃苦遭祸中成才，终

191

于成为先秦大思想家。

东汉大思家王充，出身"细族孤门"，家贫无书，常游洛阳书店，阅读出售的书，暗中记忆，终于"博通众流百家之言"。他人穷志不穷，"淫读古文，某闻异言"，因"世书俗说，多所不安"，就"幽处独居，考论实虚"，留下了《论衡》这样的大著作。

唐代诗人杜甫，无论在科场上还是在官场上都很不得志，时局又大起变化，不得不流浪到各地。他一生过着穷苦的生活，并多次受过不幸的遭遇，这使他较能体会民间的疾苦，写了大量真实地反映现实社会矛盾的诗篇，表现了对人民的同情。"朱门酒食臭，路有冻死骨"，传诵至今。而他的许多诗篇也就被人们称为"诗史"。没有杜甫的苦，就不会有杜甫的诗。所以有人说，"文穷而后工"，也是有些道理的。

我们大概听过《三个贫穷孩子的成功故事》。贫穷的孩子能吃苦，贫穷的孩子并不是不能成功。贫穷有时会给人更好的成就。

第一个贫困的孩子：这个孩子家里穷徒四壁，他每天都要提着小筐去捡那些从拉煤车上掉下的碎煤。为了得到一个果腹的面包，他请求老板让他擦拭面包店的窗户。这个工作干完了，他又开始忙着寻找另外的工作。他星期六早晨去卖报，星期六下午和星期天，向那些坐马车旅行的人兜售冰水和柠檬水，到了晚上，还要为报社写关于各处举行的生日宴会和茶会的新闻。这时他才 12 岁，从西班牙来到美国还不到 6 年。13 岁那年，他离开学校，到一家公司当了一名清洁工，逐渐结识了一些名人，开始有了自信和雄心。这个孩子就是后来在美国新闻史上最成功的杂志编辑博克，创办了世界上发行量最大的妇女杂志《妇女家庭》。

第二个贫困的孩子：这个孩子出生于苏格兰，父亲以手工纺织亚麻格子布为生，母亲则以缝鞋为业。后来，他们一家人实在混不下去了，不得不移居美国。在美国，他到纺织厂当过童工、烧过锅炉、在油池里浸过纱管、送过信。送信期间，由于苦练出高超的电报技术，他被一家铁路公司聘为职员。在这家公司工作的 10 多年中，他非常勤奋，得到了晋升，但仍然不算富有，第一次参与股票投资的时候，家里的全部积蓄不超过 60 美

元。他与母亲商量，以房屋作抵押来贷款，方才买到了共计 600 美元的股票。他就是后来闻名世界的钢铁大王卡内基，与洛克菲勒、摩根并立为当时美国经济界的三大巨头之一。

第三个贫困的孩子：这个孩子出生在匈牙利一个普通小镇，年幼时衣食无忧，但自从父亲去世后家境每况愈下。母亲改嫁，他和继父关系不好，这使他吃了不少苦头。17 岁，他由海上偷渡到了美国。最初，他想当个军人，不料屡屡碰壁，几经辗转终于当上了骑兵。但战事很快结束了，他留在了纽约。后来到了美国西部，他做过骡夫、水手、建筑工人、码头苦力、餐厅跑堂和马车夫，然而没有一样是他感兴趣的。后来，他在图书馆找到了一份差事，每天为图书馆工作两小时，换取可以任意借阅图书的便利。他就是后来美国新闻界的旗手、骄兵普利策，以他名字命名的"普利策"新闻奖，至今仍是美国新闻界的最高荣誉。

贫穷并不可怕，贫穷给人的东西是很多富人无法获得的。"穷人的孩子早当家"。让孩子在艰难的环境中成长，在适当受穷的情况下磨炼意志，培养生活目标和上进精神，这远比使其生活在"要什么有什么"、"手里有着大把零用钱"的环境下更能实现身心的健康成长。

吃苦不一定能成功，但成功的过程中需要吃苦。年轻时多吃苦，磨炼意志，在吃苦中思考，在吃苦中前进，才能迈向成功，最起码老时不会吃苦！

如今的中国，成长于温饱无忧环境中的"80 后"曾被称为垮掉的一代，而蜜水中泡大的"90 后"则被称为"没有目标的一代"，这其中虽然原因众多，但不可否认有着"成长环境太好"的"功劳"。所以古诗云"自古雄才多磨难，纨绔子弟少伟男"。

"艰难困苦，玉汝于成。"作为父母，要让孩子在穷人的生活中品读生活，学会吃苦，学会奋进。

社会实践，孩子人生的宝贵财富

传统的课堂教学，孩子学习的空间较为封闭、狭窄，眼界限于书本，限于教室，这种封闭的时空使孩子的童年过早地蒙上成人的"烙印"。

作为父母，要想让孩子突破课堂教学即在教室里上课的传统观念，就要走到社会实践中去。社会实践不仅为学习这一课奠定坚实的基础，最大的好处是让孩子真正地走出了课堂，走进了社会，去亲自体验生活，通过动脑提出生活中的"为什么"，并亲自去获得答案，相信这样获得的知识一定是最牢固的。同时，经过这样的社会调查，孩子的社会实践能力就在不知不觉中得到了提高。

社会实践教育是课堂教育的延伸，是对学校教育教学内容的补充，也是锻炼人、教育人、培养人的重要途径。孩子在课堂中未弄懂的问题，可以带着问题参加社会实践，在社会实践中重新认识，明白真谛，加深理解，同时提高思维能力、动手能力和组织能力。因此，鼓励孩子参加社会实践教育对孩子的发展是大有裨益的。

社会实践教育的主体是孩子，孩子是社会实践活动的直接参与者。实践活动的每一项内容，涉及的都是孩子的亲自操作、亲身感受。报纸上曾经有这样一则消息，说的是某中学有位老师让学生做制取氧气的实验，在操作中竟然有 80 个学生不会划火柴，有的同学划了几十根都没有把酒精灯点着。由此可见，参加社会实践活动，培养孩子的实际操作能力是多么必要。

现在的孩子大多数是独生子女，是家庭中的小太阳，衣不愁，饭不忧，手不动，长期形成了一种依赖思想，凡事都要靠父母。参加社会实践活动，就会有效地改掉这些毛病，提高孩子的实际操作能力。城市的孩子到农村去实践，可以提高自立和自理能力；到野外进行生存训练，可以使孩子学会生存，学会劳动。

另外，父母还应注意，开展社会实践教育，有助于提高学生的创新能力。创新是一个民族的灵魂，同样如果我们的孩子没有创新意识、创新动机和创新能力，也不可能成为未来社会的优秀建设者。

基于这种认识，实践活动就是让孩子自己根据已有的知识结构，设计活动方案、活动主题、活动形式，创造性地参加一些科技、生态、环保、生物等方面的活动。如：生物智能研究、电脑网页制作、航模制作、未来家园创设等。拓展孩子的想象空间，充分调动孩子的想象力，鼓励孩子大胆推理和超越思维定式去研究发现，触及前人未曾开发的领域，延伸到一切可以延伸的学科范围，设计出前人没有的东西，从而大力发展孩子的想象力和研究能力。一句话，开展实践活动的一个重要方面就是提高孩子的主观能动性，在理论和实践上达到质的飞跃，最大限度地发展孩子的创新能力。

孩子参加社会实践，就必然要直接和社会打交道，和社会中的他人交流。比如孩子要了解某地方的风土人情，挖掘地方人文资源，首先就要考察、调研、访问，掌握所研究课题的第一手资料。其次要针对各种各样的问题，思考该怎样解决，怎样和人沟通交流，采用怎样的方式等，然后付诸行动。最后是分析具体问题，提出自己独特的见解。通过这样的过程，自然而然就提高了孩子的社交能力。不仅如此，孩子在社交过程中还丰富了他们意识形态方面的知识，提高了他们待人接物的能力。

社会实践教育的真正目的就是通过活动载体来达到育人的结果。社会实践活动克服了学校那种纯理论的空洞说教和脱离实际的弊端。让孩子到军营，可以体验部队的艰苦生活和严明纪律；到工厂，了解工厂的生产程序，体验工人的吃苦耐劳和坚韧不拔；到农村，体味农民的淳朴、善良和

勤俭的美德……采用这些方法，孩子可以亲身感受生活，感受幸福来之不易，达到了思想上质的飞跃。

因此，社会实践是人生的宝贵财富。作为父母，我们应该多鼓励孩子参加社会实践。

批评孩子也要讲方法

　　三人学绘画并分别将自己的得意之作标以 1000 元出售，一位顾客说："你们的画值那么多钱吗？"其中一人听后对画重新掂量并以 2000 元出售，过后刻苦努力，成了著名画家；另一人则将画撕毁改行成了著名的雕刻家；第三个人则将画低价处理并从此被埋没。

　　以上故事让我们了解到正确面对批评的力量。尽管如此，批评对孩子来说并不是"如沐春风"，更不会深深体会到批评的价值。他们多半会因为受到批评而有反抗情绪，或因遭受批评而自卑。批评对孩子来说并不是幸福，而是在吃苦，在经受磨炼。

　　尽管如此，作为父母，我们不能因为孩子不喜欢批评而讳言，因为孩子难免会做错事情，正是在不断的犯错改错中，孩子才成长成熟起来。为了纠正孩子的错误，指导孩子去做应该做的事情，有时批评孩子是必要的，只是要特别小心，在言语和态度上都要谨慎，千万不可用讽刺或嘲笑的言语，避免引起孩子因反感和难堪而产生抵触和反抗的心理。

　　英国教育家洛克说过："父母不宣扬子女的过错，则子女对自己的名誉就愈看重，他们觉得自己是有名誉的人，因而更会小心地去维持别人对自己的好评；若是你当众宣布他们的过失，使其无地自容，他们便会失望，而制裁他们的工具也就没有了，他们愈觉得自己的名誉已经受了打击，则他们设法维持别人的好评的心思也就愈加淡薄。"实际情况正如洛克所述，孩子如若被父母当众揭短，甚至被揭开心灵上的"伤疤"，那么孩子自尊、

自爱的心理防线就会被击溃，甚至会产生以丑为美的变态心理。

批评是一门艺术，所以，家长在批评孩子的时候要注意方式、方法。

一个淘气的男孩经常惹祸。母亲每次都大喊大叫，甚至抢起藤条抽打他，却收效甚微。有次他偷了商店的玩具，差点被送警察局。母亲及时赶到，说服店主再给他一次机会。回家后，男孩料想等待自己的肯定是一场狂风暴雨，谁知道妈妈什么也没说，只是让他回自己房里去。当他无意中到厨房拿水，发现母亲独自一人，呆呆地坐在厨房的椅子上，满脸的忧伤和疲惫。这一刻，他如遭雷击。虽然没有任何语言的指责，却让他一下子想起妈妈日常的操劳，抚育他的呕心沥血。从此以后，他痛下决心，改过自新。

这是为什么呢？假如孩子每天处在打骂和训斥之中，就会变得麻木不仁，而且还会产生这样的想法：反正我是坏孩子，那就坏下去吧。父母的训斥、打骂反倒筑起一堵高墙，阻断了亲子间的情感交流，没能让孩子站在父母的立场上想问题，却增加了孩子对父母的漠视和仇恨：反正你们不爱我，所以也不需要你们来管教我。

而与之相反，如果关键时刻用沉默代替语言，实际上是对犯错的孩子进行无言的谴责。在这个沉默的空间里，孩子卸除了被迫自卫的武装，有了很大的自我感受和思考的空间，并且受到强烈刺激，迫使他回想自己的所作所为，对父母的痛心和难过产生深切体会。一旦他能站在父母的立场思考问题，许多冲突就可以迎刃而解。

每个孩子都是活生生的生命个体，他们不仅仅满足于被爱、被保护，他们更渴求得到尊重和理解。

孩子也都是有自尊心的，孩子越大自尊心就越强。父母当众批评孩子容易使孩子自尊心受到损伤，父母经常当着外人批评孩子，很可能使孩子产生敌对心理。

孩子有缺点，父母要在没有外人的情况下，对孩子进行善意的批评，并指出改进的措施，父母这样的批评，一般来说孩子比较容易接受。

尊重孩子，保护他的"面子"，这对孩子的成长来说是极为重要的。站

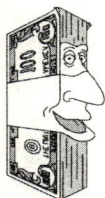

在孩子的立场尊重孩子，会有益于孩子产生和形成一种自重、自爱、自尊，并要求受到别人尊重的情感。具有这种情感的孩子，在人际关系上既能尊重自我又能尊重他人，所以他们也能得到别人的尊重，在生活中就会自信心高，责任感强，有进取精神。

其实，孩子的面子比大人的面子更重要。因此，父母们不要当众批评孩子，因为孩子每一个行为都是有原因的。这是由孩子的心理及生理年龄特点所决定的。也许这些原因在成人看来是微不足道的，但在孩子的眼里却是很郑重的事情，不了解原因即当众批评孩子，非但不能解决问题，反而会使问题变得更糟，使孩子产生逆反抵触情绪，导致对孩子的教育很难继续下去。

批评孩子是为人父母的职责，不可懈怠。但是批评孩子时，父母一定要注意方式方法，不要伤害孩子敏感脆弱的心灵。

第八章

财商比智商更具市场价值

　　所谓财商是一个人认识金钱和驾驭金钱的能力，指一个人在财务方面的智力，是理财的智慧。它包括两方面的能力：一是正确认识金钱及金钱规律的能力；二是正确应用金钱及金钱规律的能力。

　　财商是一个人判断金钱的敏锐性，以及对怎样才能形成财富的了解。它被越来越多的人认为是实现成功人生的关键。财商和智商、情商一起被教育学家们列入了青少年的"三商"教育。

　　作为父母，如果想让孩子像华尔街的富翁们一样成功，那么，就不能忽视培养孩子的财商。

财富争夺的实质是财商竞争

一提起"船王",大家自然会想到希腊船王史塔佛·尼亚斯或欧拉西斯,其实全世界的私人拥有船只吨位第一的是美国人丹尼尔·路维格。

丹尼尔·路维格是靠"借钱"来发展他的事业的。路维格打算借钱把一艘货船买下来,再改装成油轮,因为载油比载货更有利可图。他到纽约去找几家银行谈借钱的事,人家看了看他那磨破了的衬衫领子,又见他没有什么可做抵押,就拒绝借钱给他。路维格来到大通银行,他对大通银行的总裁说,他把货轮买下后,立即改装成油轮;他已把这艘尚未买下的船租给了一家石油公司,石油公司每月付给的租金,正好可以每月分期还他要借的这笔款子。他建议把租契交给银行,由银行去跟那家石油公司收租金,这样就等于在分期还款。

许多银行不愿把钱借给路维格,是认为他这种做法荒唐可笑,且无信用可言。但大通银行的总裁听了路维格这番奇怪的言论后,心想:路维格一文不名,也许没有什么信用可言,但是那家石油公司的信用却是可靠的,拿着他的租契去石油公司按月收钱,这自然会十分稳妥,这不等于收回了分期付款?除非有预料不到的重大经济灾难发生。但退一步而言,假如路维格把货轮改装成油轮的做法失败了,只要这艘船和石油公司还在,银行就不怕收不到钱。

于是大通银行把钱借给了路维格,路维格买下了他所要的旧货船,改成油轮,租了出去,然后又利用这艘船作抵押来借另一笔款子,从而又买

了一艘船。路维格的精明之处在于利用那家石油公司的信用来增强自己的信用。

这种情形继续了几年，每当一笔债付清之后，路维格就成了这条船的主人，租金不再被银行拿走，而是由他放入自己的口袋。

路维格一文不名，但却有办法成为巨富，这无疑是他拥有高财商的结果。

石油大王约翰·洛克菲勒，是美国 19 世纪的三大富翁之一。

洛克菲勒享有 98 岁高寿，他一生至少赚进了 10 亿美元，捐出的就有 7.5 亿。

他平时花钱十分节俭，近乎于吝啬。有一次，他下班想搭公交车回家，缺一毛零钱，就向他秘书借，并说："你一定要提醒我还，免得我忘了。"

秘书说："请别介意，一毛钱算不了什么。"洛克菲勒听了正色说："你怎能说算不了什么？把一块钱存在银行里，要整整两年才有一毛钱的利息啊！"

还有一件事。洛克菲勒习惯到一家熟识的餐厅用餐，餐后，给服务生一毛五分钱的小费。有一天，不知何故，他只给了五分。

服务生不禁埋怨说："如果我像你那么有钱的话，我绝不吝惜那一毛钱。"

洛克菲勒笑了笑说："这就是为何你一辈子当服务生的缘故。"

这位亿万富翁对金钱的看法是：我非但不做钱财的奴隶，而且要把钱财当做奴隶来使用。

财商是现代人个人素质中一个重要的成分，财商是理财的智慧，是一种生产力。人们在获取金钱、创造财富、管理运用金钱上是有差别的，这与他们的财商密切相关。高财商的人易于赢得金钱，并善于管理运用金钱，低财商的人则常常与金钱擦肩而过，一世艰辛却收效甚微。可以这样说，财富争夺的实质是财商的竞争。

心理学家马斯洛的需求理论告诉我们，人类的需求是有层级之分的：在安全的前提下，追求温饱；当基本的生活条件获得满足之后，则要求得

到社会的尊重，并进一步追求人生的最终目标——自我实现。每个人的心都是一个梦田，那儿有着许多梦想：买房子，买车子，结婚，子女教育，而要依层级满足这些需求，必须建立在不匮乏金钱的财务条件之上。因此，我们必须认识理财的重要。

财商不是孤立的，而是与人的其他智慧和能力密切相关的。事实上，财商与智商、情商一样，都是一种指导人们行为的无形力量。对财商的重视，并不意味着赤裸裸地追求金钱。很多人虽然拥有很高的教育水平，却缺乏一些最基本的理财知识。因此大多数时候，我们不是缺少钱而是缺少一种理财观念。而很多看上去有钱的人，并不一定是财务自由的人，但财商高的人一定能够通过努力来实现财务自由。

有这样一则新闻：英国包括抵押、个人贷款和信用卡消费等在内的个人债务总额每 4 分钟就增加 100 万英镑；每 7 分钟就有一个英国人因债务而破产，已经有 200 多万人负债严重，处于终生还债状态。英国媒体在检讨此事时说："越来越多的成年人陷入经济困境，这更提醒我们，儿童时期的理财教育非常重要。"

现在，财商教育较为发达的美国、澳大利亚等国家都已经把财商教育列为中小学的必修课程之一。英国也是从中小学起就开始理财教育的国家，还针对不同的阶段提出不同的要求：5～7 岁的儿童要懂得钱的不同来源，并懂得钱可以用于多种目的；而 14～16 岁的学生要开始学习使用一些金融工具和服务（包括如何进行预算和储蓄）了。

观念的教育，也许唯有父母才是最好的老师。毕竟，父母是与孩子共度最长时间的人，父母往往又是孩子的榜样，无论是言传，还是身教，都将给孩子观念的树立带来最重要的影响。因此，父母要多和孩子交流沟通，加强引导，让孩子知道钱是劳动所得，世界上没有摇钱树，只有靠勤劳和智慧才能创造财富。

财商可以通过后天的专门训练和学习获得。所以，作为父母，重视并从小开始培养孩子的财商，有助于孩子未来成为"财务自由"的人。

理财，为未来着想

　　有这样一个故事：古代有一个卖油翁，他每次出门之前，他的妻子都要偷偷地从油桶里舀出一小勺，存起来。一小勺油对于一大桶油来说，简直可以忽略不计，可是一年下来，居然存了一大桶。过年时，卖油翁正愁没钱过年，妻子就把自己存的那桶油拿出来，卖油翁又惊又喜，挑到集市上卖了，他们过了个丰盛的年。

　　故事中卖油翁妻子的行为，就是我们现代人所说的理财。今天理财已成为一个极为时尚的词，电视报刊，街谈巷议，总是能够频频遇到。已经有越来越多的人认识到了理财的重要性，卷入到理财浪潮中去。但也有人说，理财是富人们的事情，只有那些钱足够花的人，才想着怎么理财，穷人天天为吃饭奔忙，本无财，理什么？

　　那你就错了，理财更重要的是一种思想，不管是有钱时还是没有钱时，都可以进行理财。那个卖油翁的妻子，就是一个具有理财思想的人。俗语说"滴水汇成河，粒米汇成箩"。

　　假设我们从 20 岁的时候开始，每个月能从微薄的薪水中挤出 100 元，一年的时间就可以存 1200 元，到我们 30 岁的时候就拥有一笔 12000 元的财富。其实远不止这些，还有利息，利滚利。如果随着薪水的增加，每月的储蓄额也在增加，那数量会更加可观。

　　如果认为每月的 100 元微不足道而用于消费，10 年后我们仍是一无所有。事实上，每个月有能力存 100 元钱的人并不少，有人参加工作很多年

了，而且薪酬还不错，也没有办过什么大的事情，但是手头仍很拮据。笔者有一个朋友，平时看起来收入并不高，但是有一天他告诉我，说他要买房子，我听后大吃一惊，以为他中了头等彩票，其实是他 10 年攒了 10 多万。这就是理财与不理财造成的两种截然不同的结果。

其实一个人维持生命所必需的物品是很有限的，除了必需品之外的，就大都是奢侈品了。如果一顿饭 5 块钱能吃好，花 6 块钱，那一块钱就是奢侈。好多人之所以难以摆脱贫困，就是对奢侈品的欲望没有节制，收入稍微好一些，就在生活上讲究起来，甚至和别人攀比。而生活的享受是没有穷尽的，来之不易的钱财，都用在了生活的改观上，没有一点积蓄，一旦出现变故时就必然负债，然后是勒紧裤带还债，还完债长出一口气，觉得应该轻松一下了，又开始改善生活，从而陷入了一种恶性循环中，把自己锁定在贫困状态。那种挣多少钱花多少钱的人，永远都在为钱而疲于奔命。如果我们要等有了钱的时候再理财，你恐怕就永远难以有那一天了。

有人把没钱的原因归结为挣钱太少。其实这是一种很危险的思想，消费是个无底洞，钱再多都能花完，那些一夜暴富的人最后变成穷光蛋的多得是。在我们还不宽裕的时候，更应该做一个详细的开支计划，哪些是必需品，哪些是奢侈品，除过必需品的用度，剩余的都拿去银行存起来，本钱攒下了，还会有利息。少不要紧，积少成多嘛。积累的力量是巨大的，等到有一天，我们会惊讶地发现，我们已经拥有一笔数目不小的财富。

储蓄是最简单的理财方法，但它让我们财富的增长是很有限的，要想变成大富翁，就要去投资，即让钱去生钱。当我们的零钱积存到一定的时候，我们可以购买国库券和房产，虽然回报不是太大，但比储蓄要高多了，而且不用起早贪黑，东奔西波，看别人的脸色，几乎零风险。有把握的话，也可以做生意。在我国目前股票市场制度还不尽完善的情况下，尽量不要用你积存的血汗钱做股票的发财梦，小心被套牢，但不妨买些基金"试试水"。

投资也并不仅仅是富人的专利，任何富翁都是从贫穷开始的。其实一个鸡蛋就可以使一个人变成富翁：一个鸡蛋可以孵化一只母鸡，一只母鸡

可以下更多的蛋孵更多的鸡，你逐渐就成为一个养鸡专业户，继续扩大就可以办养鸡厂，进而成为一个禽业集团。这虽然只是一个理论上的描述，但是却可以实施，并且完全有可能成功。

曾风靡一时的《穷爸爸富爸爸》的故事，其一个主要理念就是穷人之所以穷，是因为穷人没有投资意识，有了钱就消费，甚至借钱消费，而富人却把钱用于投资。经济学家们认为，决定投资的主要因素是成本、收益和预期。也就是说，进行投资时，需要考虑的是付出的本钱、投资的回报和对投资的信心，而其中最关键的是对投资要有信心，要认识到投资是一种具有回报性的活动。那些富翁，就是看到了投资的回报，因而信心十足，至于付出成本的多少，先不必计较，贫穷的时候可以进行小型的投资，力所能及，一点一点把雪球往大滚。在滚雪球的过程中，不仅仅是你的财富在增长，而且你的人力资本也在增长，即你赚钱的能力也越来越强，你赚钱也就越来越容易。还有更主要的，你的社会地位也越来越高，这是你投资过程中收获的一笔无形的人生财富。

所以，即使我们的孩子现在还小，未来看上去也无忧患，但是切莫寅吃卯粮，一定要为未来储备财商。

引入金钱概念，开好财富学的第一门课

要想获得金钱就必须对金钱有深刻的了解。金钱到底是一种什么东西？它具有何种性质和意义？它怎样影响我们？对于一个长期或者将要跟经济打交道的人，这些问题是必须弄清楚的。

钱，不只是一种经济上的概念，也是一种心理和社会的概念。无论哪一种货币，本身都没有什么价值，它的价值来源于人们的赋予。钱，表明拥有者的身份和人生观，一旦解开它的密码，就可以保护自己免受一些不必要的精神痛苦；也可以避免不适当的花钱方式，最主要的是可以逐渐控制金钱，获取金钱，拥有高财商。

对很多人来说，钱意味着自由选择权。穷人的生活封闭、变化有限，富人则海阔天空。他们可以借服饰、整形手术，或化妆品、色彩设计、流行顾问的帮助改变外形。生命可以多彩多姿，只看有多少钱。

事业发展更是常常凭钱而定。有钱，才有创业资金；有钱，才担得起风险，撑到成功到来。这个公式适用于每一个阶层、每一个人。

金钱好吗？许多持有消极心态的人常说："金钱是万恶之源。"事实上，人类社会发展的历史证明：金钱对任何社会、任何人都是重要的；金钱是有益的，它使人们能够从事许多有意义的活动；个人在创造财富的同时，也在对他人和社会做着贡献。

随着现代社会的不断发展，人们对生活水平的要求不断提高。现实生活中，我们每个人都承认，金钱不是万能的，但没有金钱却又是万万不能

的。我们每个人都需要拥有一定的财产：宽敞的房屋、时髦的家具、现代化的电器、流行的服装、小轿车等等，而这些都需要用钱去购买。人们的消费是永无止境的，当你拥有了自己朝思暮想的东西之后，你会渴望得到新的更好的东西。在现代社会中，金钱是交换的手段，金钱就是力量。

可是，在现实生活中，很多父母会忽略对孩子金钱观的教育，也有部分家长认为太早让孩子接触"钱"并不是件好事，会让孩子变得很世俗。实际上，孩子接触新事物的速度已大大超出我们的预想，社会的飞速发展也正在要求孩子们掌握更多的知识与技能，从小对他们进行适当的金钱教育还是很必要的。

现在银行卡、信用卡的普及，让孩子觉得信用卡充满了魔力，误以为卡里的钱就好像天上掉下的馅饼，永远也用不完。有的孩子可能还无法理解信用卡与金钱之间的关系，所以，让他认识钱币是第一步。

在孩子面前，爸爸妈妈最好多多使用现金消费；数钱的时候，不妨让孩子也参与进来。这样能教会他学数数、学运算，还能培养他的基本生活能力。当然，用现金并不意味着放弃使用方便的信用卡，父母可以在每次收到银行账单时，告诉孩子账单和信用卡究竟是怎么一回事，让他慢慢懂得这张小小卡片的实际意义。

但是，在教育孩子金钱概念的过程中，不只是让孩子了解金钱的基本意义，重要的是必须给孩子正确的金钱价值观。有的家长在孩子几岁的时候就给孩子零用钱，还教孩子懂得把钱存进钱罐里。这样，会让孩子认为"钱"非常重要，但是仅仅这样孩子并不了解其背后真正的含义。当孩子有一天懂得用"一块钱"也能让父母快乐的时候，你就成功了！哪怕只是在你生日的那天，在外地读书的孩子打电话回家，跟你说声："生日快乐!"这才是金钱的真正价值。

"爸爸，我们都花了2万元去旅行，为什么不能买100元的娃娃？"孩子还小时，只能看见表面的价格，还无法了解其背后代表的意义。孩子想买100元的娃娃，只是一时的冲动，家里的娃娃一定比这个100元的漂亮，但是孩子在当下却又很"想要"拥有，而他并非迫切地"需要"。而2万元

的家庭旅行过程中不仅增进亲子间的情感，走到户外也会让孩子的视野与平日不同，其意义非凡。做父母的，有责任也有义务教给孩子正确的观念，且从生活中的每一件小事教起。回归原点，父母本身的价值观也必须是正确的，有了正确的观念，做什么事情都没问题。

美国儿童财经教育学家曾这样告诫父母们：即使你家产丰厚，也不必让孩子以为他们可以想要什么就有什么，或以此向左邻右舍去吹嘘。当孩子问父母是否富有时，我们可以这样回答："我们有足够的钱买食物、衣服和我们需要的东西。"

要让孩子理解高价格并非等同于高价值的道理并不难，难就难在父母亲是不是也这么认为。多数的父母对于好的学历依旧给于很高的评价。并非会念书不好，但是若只会念书就得要检讨。千万不要养成孩子"万般皆下品，唯有读书高"的观念，孩子考得好就给零用钱，考不好就扣钱，把金钱跟念书绑在一起，很容易造成孩子的曲解，逐渐形成"读书是为了钱"的错误观念，日后便会认为，只要我读好书就可以赚大钱。但现实的社会并非如此，即使拥有高学历，没实力的话一样可能一贫如洗。

正确的金钱观，是父母给孩子上的财富第一课。父母首先要让孩子树立正确的金钱概念。

让孩子向富翁学习理财之道

虽然，我们并没有让孩子一定成为富翁的想法，然而，富翁身上的那些理财的闪光点无疑是让孩子学习的最佳途径——现实而且翔实。

换句话说，如果我们有致富的勇气，又学习像富人一样去思考，并且在生活中能抓住富人的一些个性化特点，这样无疑大大提高了我们成为富人的几率。其实学习富人的成功经验，不仅要学习他们努力奋斗的精神，更要学习他们如何设定自己的理想，把握自己的机遇。

从另一个角度讲，一个人的财富其实是由财富以外的东西决定的，学习富人的奥妙所在，不在于紧盯着他们的钱袋子不放，而是要着眼于他们在生活中的点点滴滴，这样你就缩小了与富人之间在其他方面的差距，也就缩小了与富人之间的财富上的差距，当你拥有了富人的宝贵品质，成为富人对你来说也就并不遥远了。所以要成为富人，就要从现在做起，从身边的小事做起，虚心向富翁请教理财之道。

一、注重细节

富人印名片往往不会选择双面印刷，而只会印单面，许多人对此都不太理解，原来其中自有其奥秘。一是由于是单面，这样富人在与别人交往时可以方便地在名片背面写下一些信息，一张小小的名片就等于变成了一页广告，平添了许多商机；二是富人看报纸，不是像普通人一样先看新闻，而是会非常留意分类广告，因为从这里面往往可以发掘到很多商业灵感。

虽然这都是一些生活中的小细节，但其中却蕴含了不小的智慧。千万不要小看了这些生活小细节，它却可能会成就一个人的事业。

有一个真实的故事是这样的：一位白手起家的创业者有了一个创意，准备开发一种新的玩具产品，但却苦于不知道上哪儿才能找到工厂加工。正在一筹莫展的时候，他碰巧购买了一份报纸，从上面的分类广告中找到了几个希望承接制造礼品的小工厂的电话，然后他一一打电话去联系，最后终于发现有一个小工厂已经好久没有接到生意了，厂长在电话中一再说只要有一点利就行。这位创业者做成了这笔生意，这也成了他致富道路上的第一桶金。

像这种生活中的小细节还是有很多的，我们其实也可以对此多加揣摩，对比一下自己的生活方式，看看有哪些可以做一些变化，或许还有不小的启迪呢。比如富人在外跑市场，即使打高尔夫球也不忘带着项目合同；富人最喜欢交那些对自己有帮助，能提升自己各种能力的朋友，而不纯粹放任自己仅以个人喜好交朋友；富人上网更多的是利用网络的低成本高效率，寻找更多的投资机会和项目，把便利运用到自己的生意中来。

二、关注时事

富人一般都会非常关注周边政经形势的变化，也非常善于从中把握机会。有调查显示，富人掌握市场契机的能力优于一般人，从数字来看，比一般人高出5倍多，而他们管理时间的能力也明显强于一般人。

许多人并不关心天下事，只低头看着自己日常的事情；未来的社会变化，他并不能预见，只能不断叹息："这个世界变化快。"而富人则正相反，他们喜欢留意大事情，对未来发生的变化，他有远见，早有预备，适应得很快，还会利用别人暂时见不到的机会，大捞一把。比如在几年前，富人们已经感觉到人民币将要升值，纷纷及时将自己手中的部分美元换成人民币，避免了足足5%～10%的汇率损失。

说到底，无论是创业还是投资，都与当前社会的政治经济环境有着不小的关联，在这种情况下，让金钱搭上时代的脉搏，往往就能收到事半功

倍的效果。

三、独立价值观

许多人往往都会产生这样的疑惑，有些富人非常注重名牌，而有些富人则穿着很随意，这看起来似乎有些矛盾，但它却恰恰表达了富人们在消费时的一种独立的价值观。也就说他们在消费时并不会人云亦云随大流，而是始终有着自己的独立判断，按照既定的思路去实现价值，而不会随意被其他人所左右。

的确就整体而言，在消费习惯方面，富人购买新品与名牌的比率都比一般人要高一些，不过如果我们进行细化分析，却会发现富人其实并不崇尚名牌，他们买名牌是为了节省挑选细节的时间，与消费品的售价相比，他们更在乎产品的质量，比如会买 15 元的纯棉 T 恤，也不会买昂贵的莱卡制品。

所以许多富人并不在乎贵，根本原因是他们认为物有所值，有着自己的判断标准。这样的事例在生活中是很多的，比如不少人很计较物业管理费，觉得越低越好。但是在另一方面，物业管理费越低的住宅小区，由于缺乏人员打理，常常住了 5 年就已是破破烂烂。为了省一点物业管理费，房子未来的升值空间全被破坏掉。从这一点来说物业费不在于高低，而是要看物业管理的水平是否达到了标准。

成功者致富的欲望和创富的经历的确是令人心动的，那么，我们又怎样才能让孩子与富人走得更近呢？要知道，其实一个人的生活习惯会对其最终的行为产生很大的影响。所以，建议父母让孩子多向那些理财有方的人学习，这往往能让孩子拨云见日，豁然开朗。

父母也要学习制订家庭理财计划

有的年轻人即便结了婚仍然习惯于随心所欲地花钱直到囊中羞涩，然后伸长脖子等待着下一个月工资日的到来。他们虽然也会考虑将来，但却从来没有好好地为将来的生活计划过。要把握自己未来的生活，每个家庭都必须有一个好的理财计划。

选择发财致富的途径，制订理财计划，如同减肥，恰当的方式不止一个。至于哪个方式最好，因人而异。你不可能一夜之间成为富翁，因此，理财最好现在开始，而不是迟迟不动。

理财人物案例：于小姐今年 27 岁，拥有留洋背景的她在一外企工作，月薪在 5000 元左右。其先生王今年 30 岁，在某教育机构从事语言教学工作，年薪在 12 万元以上。于小姐婚后才摆脱月光族，现在她和老公每月开销至少在 4000 元，宝宝出生后每个月至少要增加 2000 元以上的开销。现在两人有 10 万元的存款，家人可以帮助垫付购房首付。两人现在与父母同住，但一直有买房买车的打算。如何在购房、购车、养育孩子和保险需求等方面做出合理的安排呢？

于小姐家庭的基本情况：于小姐月收入 5000 元，丈夫年薪 12 万元，存款 10 万元；月支出 4000 元，小孩费用 2000 元；家庭月净收入 9000 元。

理财目标：购房，购车，孩子教育金，保险等规划。

理财建议：根据于小姐的家庭收支及理财需求，建议如下：

一、首先将存款中的 2 万元作为备用金，以 3 个月定期存款或货币基

金的形式以备急用；同时申请一张信用卡以备急需。

二、以不超过每年 1 万元的缴费金额，给夫妻双方投保保障性保险。

三、为保证孩子完成良好的教育，按目前大学费用每年 3 万元，4 年共需 12 万元，年学费增长率 8％，需准备 47.95 万元的教育金。建议通过基金定投的方式，选择股票式基金完成教育金规划，按年投资收益 8％计算，每月只需 1000 元。

四、购车规划：因为今年以购房为主，并且近几年房贷还款压力较大，以及学前孩子花费较多，建议等孩子上小学时，考虑买车。以购买 15 万元轿车为例，每月通过基金定投的方式，只需存储 1338 元，就可以完成目标。

五、购房规划：根据于小姐目前的情况，建议购置一处 80 平方米左右的住房，按当时房价每平方米 8500 元，需 68 万元。可用剩余存款及家人帮助，支付首付款，首付款需 20.4 万元，其余 47.6 万可通过贷款解决。

1. 建议首先选择组合贷款的方式：申请公积金贷款 30 万元，期限 30 年，月还款 1651 元，减轻还款压力；商业贷款 17.6 万元，月还款 4000 元，可在 5 年内还完贷款，缩短还款时间；之后一部分用作养老金规划，另一部分用作提前还款或换房规划。

2. 如果只能申请商业贷款：商业贷款 47.6 万元，月还款 5700 元，10 年内也可还完贷款，但还款压力较重，且养老规划也要推后。

制订一项理财计划第一步是回到基本原则上来，或者，对那些往往临时凑合的人来说，应该首先实施一些基本原则。最基本的原则是懂得理财的意图。

摩根士丹利资产管理公司的苏珊·赫什曼说："人们犯的最大错误是没有方向，不知道要实现什么目标。"她说，首先根据实现的时间和必要性将目标分类。短期的目标是挣够房租；赚取大学学费或购房的分期付款可能是中期的重点；最常见的长远目标是缴纳养老金。

普华永道的税务和个人理财计划部主管尼尔·赖特提出一个分几步走的计划制订过程。第一步是决定你想达到什么目的，比如积累储蓄，给后

人留下遗产，或是将来在地中海购置一艘游艇——如果你想让后代自己谋生的话；下一步是制定实现这些目标的策略，也就是找到合适的投资组合；最后一步是定期回顾，确保一切按计划进行。

理财顾问说，某些资产的回报高于其他资产，这取决于期限的长短。赫什曼建议：满足短期需要的资金以现金形式保留；用于实现中期目标的资金可购买债券；而养老金和其他长期投资应投入股票和有高回报潜力的其他资产。

以上介绍的都是理财的一些基本原则，每一个家庭在制定理财计划的时候都应该遵守这一原则，其他因不同家庭而异。

高收益的理财产品往往孕含着高风险，即使存款也存在着负利率的风险。要保持正确的理财观念，根据家庭阶段性的生活目标，时刻审视资产配置情况和风险承受能力，兼顾风险和收益，不断调整投资组合，选择相应的投资产品和比例，从而达成工薪阶层的理财目标。

我们制订家庭计划的时候，可以让孩子在场，听取孩子的意见。如果孩子太小，不是很了解，我们只要告诉他我们是怎样决定的，为什么会做出这样的决定即可。总之，目的是让孩子了解理财这一行为。

告诉孩子，贪欲比魔鬼更可怕

　　唐才子李约，字存博。其诗文俱佳，官至兵部员外郎。他性情清心寡欲，喜博古探奇，好与文人雅士弹琴煮茗，吟诵清谈，后弃官终隐。如此清心寡欲、出尘脱俗之人，其德行必定不一般。在《尚书故实》一书中，就记载了他不贪财利、坚守信义的一件事，并说他平常所做的事，大致都如此。

　　李约有一次坐船行于江上，同一胡商的船一前一后。胡商得了重病，将李约请过船去，把两个女儿托付给他，他的两个女儿都长得非常美丽。胡商又交给他一枚珠子，并嘱咐他许多话。

　　等胡商死了，李约将他遗留的数万财宝全都如数送交给了官府，并为胡商的两个女儿寻偶婚配。

　　当初胡商临死时，同李约约定，自己死后要含着那枚夜光珠，别人都不知道此事。后来死去的胡商的亲属来清理胡商留下的资财，请官府的人挖开坟墓检查，夜明珠果然还在。

　　并非亲朋故友，仅仅是一路同行之人，对于这仅有一面之缘的路人的托付，李约毫无私心，不贪财色，完全按照此前的托付来履行承诺，即使在没有人知道的情况下，依然坚守自己做人的本分，这种德行不能不令现今的人所钦佩。

　　然而，并不是所有人都像李约这样。在当今的社会上有一种"钱奴"，为了钱去做偷窃、抢劫、诈骗等犯法行为，有的甚至为了钱搭上了自己

性命。

有这样一个真实的故事：有一个人叫阿明，他很想用钱买到较高的社会地位，他认为有钱能使鬼推磨，于是辞去公安工作，干起个体卖服装。他的生意很好，逐渐阔绰起来。他认为自己的"价值"与钱一样与日俱增，于是更崇拜钱了，除了钱，目空一切。无休止的金钱欲望，成了他堕落的催化剂。为了弄到更多的钱，他逐渐走上诈骗的犯罪道路。他骗走了家乡父老的 147 万元，骗了南方某单位的 130 万元，从此过着挥金如土的生活。他想出人头地、腰缠万贯，最终却被一副冰冷的手铐紧紧地铐住了双手，被判刑 15 年，妻子离开了他，他年富力强的人生时光将要在牢里度过。他因为拼命地追逐金钱，最终失去了家庭、亲人和个人的自由。

阿明就是一个有错误金钱观的人，他为了钱而失去了自己的良心。因此说，有钱本非无过，关键是看钱的主人是怎样对待它的，钱在不同人的手中，就有着不同的价值。

人们常把金钱称做万恶之源，其实，这是错怪了金钱，可怕的不是钱，而是贪欲，那种对钱贪得无厌的占有态度。当然，钱可能会刺激起贪欲，但也可能不会。无论在钱多钱少的人中，都有贪者，也都有不贪者，所以，关键还在于人的内心。

贪与不贪的界限在哪里？简单地说，一个人如果以金钱本身或者它带来的奢侈生活为人生主要目的，他就是一个被贪欲控制的人；相反，不贪之人只把金钱当做保证基本生活质量的手段，或者，把金钱当做实现更高人生理想的手段。

贪欲首先是痛苦之源。正如爱比克泰特所说："导致痛苦的不是贫穷，而是贪欲。"苦乐取决于所求与所得的比例，与所得大小无关。

其次，贪欲不折不扣是万恶之源。在贪欲的驱使下，为官必贪，有权在手就拼命纳贿敛财；为商必奸，有利可图就不惜草菅人命。贪欲可以使人目中无法纪，心中无良知。今日社会上腐败滋生，不义横行，皆源于贪欲膨胀，当然也迫使人们叩问导致贪欲膨胀的体制之弊病。

贪欲使人堕落，不但表现在攫取金钱时的不仁不义，而且表现在攫得

金钱后的纵欲无度。对金钱贪得无厌的人，除了少数守财奴，多是为了享乐，而他们对享乐的唯一理解是放纵，太多的金钱用在放纵上玩花样、找刺激，结果必然是生活糜烂、禽兽不如。

在物欲横流的社会背景下，我们对孩子要做的，就是要告诉他们——这个世界很大，我们不可能拥有世界，我们只能拥有很小很小的些许，就是为了这些许，我们也要付出很大的努力。

第九章

致富的起点是花钱

致富的起点是花钱。这是比尔·盖茨的用钱之道，这是东方财富神话李嘉诚的致富秘诀，这是温州商人起家的制胜法宝。会花钱才会赚钱——一个观念与方法的新命题。花钱是手段，赚钱是目的。

作为父母，如果想让孩子拥有财富，首先要教会他如何花钱，怎样花钱才是最合理的。华尔街精英们在教育孩子的过程中无不实践着这一原则。

花钱是赚钱的原动力

　　一个守财奴攒了一大笔钱，但从来舍不得花，有一天他干脆把钱埋到了地底下。从此他不需要任何其他方式来消遣时光，因为想着地底下的那笔钱就足以让他兴奋不已。

　　那笔钱让他兴奋得越久，在他眼中就变得越重要，于是越舍不得花。天长日久，由于他经常担心钱财会被别人偷走，以致吃不好也睡不好，闲暇时就经常在那儿瞎转悠。不久一个盗墓贼读懂了他的心思，料定他转悠的地下肯定有宝，等守财奴不在时便暗暗地把那笔钱财挖走了。

　　第二天清早，守财奴发现钱财被人破地而取，顿时发狠顿足，哭天嚎地，伤心得不想活了。一个过路的人动了恻隐之心，问他缘由，他余哀未平地说："有人挖走了我的财宝。"

　　"你的钱财是埋在哪儿被挖走的？"

　　"就在这块石头旁边。"

　　"哎哟，都什么年代了，又不兵荒马乱的，何必把钱财埋到地里去？当初你把它放到保险柜里还会有这事吗？而且随时取着花也方便嘛。"

　　"随时取着花？天哪，难道我会贪求这一点点方便？'用钱容易赚钱难'这句话你总该听过吧，我平时哪舍得动一张票子啊！"

　　过路人看出他是个吝啬鬼，就笑着说："既然你不想动用钱财，那就再埋块石头进去，把这块石头当成你原来的钱，那不是一样的吗？"

　　这个故事除了讽刺守财奴的吝啬之外，还告诉我们什么道理呢？故事

223

中的过路人为什么会这么说呢？如果站在经济学的角度，过路人的话是颇有一番道理的。守财奴把钱财当做富有的标志，却忘记了钱只有在流通中才会产生价值；失去了流通，不仅不能增值，反而还失去了其存在的价值。那么埋钱和埋一块石头，也就没有什么区别了。

还有这样一个故事：卡恩站在百货公司的前面，目不暇接地看着形形色色的商品。他身边有一位穿得很体面的绅士，站在那里抽雪茄。卡恩恭恭敬敬地对那位绅士说：

"你的雪茄很香，好像不便宜吧?"

"2 美元一支。"

"好家伙，那你一天抽几支呀?"

"10 支。"

"天哪！你抽多长时间了啊?"

"40 多年前就抽上了。"

"什么？你仔细算算，如果你不抽这些烟，攒下的钱都可以买下这幢百货公司了。"

"这么说，你不抽烟?"

"我不抽烟。"

"那你买下这幢百货公司了吗?"

"没有。"

"告诉你，这幢百货公司就是我的。"

节俭是中华民族的传统美德就，这点毋庸置疑。不过，话又说回来，世上富翁们的钱可都是赚来的，而不是单靠省就能致富的，所以说赚钱比省钱更重要。

犹太人从小就被父母灌输赚钱的理论，犹太父母会给孩子零用钱，让他们自由支配，只是告诉孩子想办法让钱变多；中国的父母给孩子压岁钱，告诉孩子，把钱省下来，慢慢积累，积少成多，留以后买东西。

中国人喜欢存钱在世界上是出了名的，所谓"存钱养老"和"存钱以防万一"等传统思想已经根深蒂固，而不像犹太民族存钱是为了投资。

致富的起点是花钱

面临新的机遇，我们应该学会花钱，学会把小钱变大钱，还要越变越大。钱放在那不动，它就是死钱，死钱能对我们起多大的作用呢？只有让它动起来，流通起来，理论上来讲，资金流动频率越快，增加得越多。

要学会花钱才会赚钱，有些人可能会赚钱，却总是舍不得花，那样你赚钱还有什么意义呢？

这是一个会花钱会赚钱的孩子讲的故事：

有一回，爸爸给我一张2元钞的零用钱，让我自己去镇里玩。那时候，一本书都只要2毛多钱。

我拿了这2元钱，带着两个小伙伴步行了10多里路，来到了镇大街上。怎么花这2元钱好呢？小伙伴们都提出来去看俗称"小人书"的连环画。

为了节约开支，3个小伙伴围成一堆看同一本书。那时候，看一本"小人书"才1分或2分钱。所以，足足看到午饭时分，也才花了我1毛多钱。等到看得肚子咕咕叫了时，大家才想起来应该吃饭了。于是，又花了1元5角钱、买了3只"年糕饺"来吃。吃完"午饭"后，手里还有3毛多钱，心想干什么去好呢？不由想起大街边上有一个讲"评书"的地方，好像门票是小人5分，大人1毛。于是，就花了1毛5分钱买了3张儿童门票，又另外花6分钱买了3杯"薄荷茶"喝。3个小伙伴就在"评书"室里听了半天的"评书"。等到傍晚回到家里，已经是两手空空了。

父亲自然很关心我的这次"自由活动"，在吃晚饭时，他就要我把这2元钱的去向交代清楚了。我很老实地一一把账列了个明白。父亲然后总结道："现在，你钱也花了，可是，学回来什么好东西了呢？"

我回答说："我想把家里收藏的一些小人书拿出来摆小人书摊，还想给同学们讲故事、搞故事会。"父亲说："那可以呀，你就搞吧。"

于是，我就在村子的"竹园"里，摆起了"小人书摊"，两个朋友成了我的帮手。可那时候的孩子们普遍手头上没有现金呀，我怎么收费呢？我灵机一动，就让小伙伴们以"香烟盒子"代替"人民币"。因为那时候小孩子们爱玩"赌博"，经常拿"香烟盒子"当做"赌资"用。一些大孩子都通

过出售香烟盒子来赚钱。我把摆小人书摊收集的香烟盒子去换取钱。

　　大约这么搞了一个月后，我南京的大伯又给我寄来了几本新的"小人书"。我心想，这些新的"小人书"可不能这么简单地流通到"书摊"上去了。于是，单独又搞起了"竹园故事会"来。每天放学后，就利用当学习委员的有利条件，组织大家一起来听我讲故事。当然啰，得收点香烟盒子。这新书讲一星期后，才开始允许"班干部、小组长和交费会员"们阅读，而其他的同学，则只能在一个月后看了。在这么区别对待下，很多原来没交会员费的小伙伴们为了早点看到新书，都拼命地要求我吸收他们入会了。因为要求入会的人实在太多，所以，就只好多收点入会费了。这样，我除了"小人书摊"和"讲故事"之外，就又多了第三笔收入，即"会员费"。

　　花钱是赚钱的原动力，我花了1毛多钱偷学摆"小人书摊"的经验，共1元5毛钱"收买"了两个"帮手"，又花1毛5分钱学到了"讲故事"的技巧。总共才花2元，我却整整挣回来两大箩筐的"香烟盒子"。

　　作为父母，我们要告诉孩子，花钱是赚钱的原动力。但是花钱并不是无目的、无节制地乱花，要让孩子懂得如何去花钱，怎样花钱，花钱要得到花的的价值。

让孩子学会与商家讨价还价

讨价还价是一项很高的"艺术"，心理素质要绝对稳定，须在瞬间内掌握对手的心态，即时组织好自己的语言，在拉锯战中要做到进可攻，退可守，还要随时调整心态，随机应变，必要时可面不改色心不跳地转变立场。

作为成人，我们在"江湖"已久，身经百战，还有一定的讨价功力。可是孩子涉世之初，还不太明白商品买卖规则，买东西还不善于讨价，多花钱买了劣质品也是常有之事了。以下介绍几种讨价还价的方法，家长可以告诉孩子。

一、保持轻松而从容

买任何商品要还好价，最重要的是要店主报出实价。有些消费者在挑选某种商品时，往往当着卖主的面，情不自禁地对这种商品赞不绝口，这时，卖主就会"乘虚而入"，趁机把你心爱之物的价格提高好多，不论你如何"舌战"，最后还是"愿者上钩"，待回家后才感到后悔不迭。

如果你见到一件衣服，马上就喜形于色，表现出强烈的购买欲望，那么这件衣服你很难还价。反之，你表现出可买可不买，这件衣服有优点也有缺点，在那里犹疑不定时，店主为了吸引你买，往往报价就很实。

买任何商品最好是两个人同去，一个唱红脸，一个唱白脸，一个说这件衣服有什么不足，另一个夸奖这件衣服有哪些好处。这种戏剧化的表现，有助于诱导店主让价。

买任何商品都不能表现得太迫切，买不买无所谓，这样才能诱导店主报出让价。很多人试探价钱的虚实，往往报出一个价，老板不同意，就装作要离开，看老板叫不叫住他。如果老板想成交就一定会急着叫住他，反之老板没叫他，就说明出价实在太低了。这实际上是大家自发地对上述心理学原理的运用。

因此，消费者购物时，要装出一副只是闲逛，买不买无所谓的样子，经过"货比三家"的讨价还价，才能买到价廉且称心如意的商品。

二、问贵商品价钱，买便宜的商品

人们常用的方法是货比三家，寻找最低价格，这样一方面花时间，另一方面，各店主卖同样的货，为了不彼此竞争降价，往往定出了统一的最低价格，也不容易钻空子。要诱导店主报出实价，介绍一条很有效的方法。

例如：有个人去商场买摄像机，看到柜台上有台"画王"彩电，灵机一动就装做要买彩电的模样，问老板彩电的实价。老板报价后，那个人佯问："还能不能便宜？"然后就表现出犹疑的姿态，在那里踌躇……

这时那人突然很随便地问老板："摄像机的实价是多少钱？"

老板报价后，那人追问："还能不能便宜？"

老板回答："最多再便宜 10 块！"

这岂不是一种还价的有效方法吗？

要买几十元的衣服，就去问老板上百块钱的衣服的价钱，然后表现出若无其事的模样随便问老板："这件衣服实价是多少？"老板为了吸引你买贵的衣服，这时他报价一定很实，你如果再讨一下价，老板就很容易突破他的最低限价，此时你就顺水推舟："干脆我买这件衣服算了。"

三、运用疲劳战术和最后通牒

在挑选商品时，可以反复地让卖主为你挑选、比试，最后再提出你能接受的价格。而这个出价与卖主开价的差距相差甚大时，往往使其感到尴尬。不卖给你吧，又为你忙了一通，有点儿不合算。在这种情况下，卖主

往往会向你妥协。这时，若卖主的开价还不能使你满意，你可发出最后通牒："我的给价已经不少了，我已问过前面几档都是这个价！"说完，立即转身往外走。这种讨价还价的方法效果很显著，卖主往往是冲着你大呼："算了，卖给你啦！"这样，你运用你的智慧和应变能力购到了如意商品。

四、买大宗货物的还价方法

假设有大宗货物要买，如何还价呢？买大宗货物，千万不要一次说出，而要隐瞒一部分，作为诱导卖方降价的筹码。比如你买 100 吨货物，你首先就与卖方谈 80 吨的价格，当谈到最低价后，你装出突然动了念头，对卖方："你再便宜一些，我就加买 20 吨。"好像这 20 吨是对方愿意降价你才想买的，这样容易诱导对方突破他设定的最低价。

记得有次与同事一起去购物，看到心仪的手表，转了多家商店与店主讨价到最低后，我就准备掏钱了。这时边上的同事突然也心动了，对店主说："如果你再便宜 10 元钱，我也买一块。"

店主一听，薄利多销，就让了 10 元钱。同事正准备付钱时，恰好外面又有一熟人进来，见我们两人都买了，也有些心动对店主说："本来我不想买的，这样，你再降 10 元，我同他们一起买。"

于是又诱导店主降了 10 元钱。

这些讨价还价的方法不仅适合我们，也适合我们的孩子。不要认为讨价还价是大人的事情，孩子也需要掌握这一本领。

帮孩子制订用钱计划，学会量入为出

一位母亲最近为儿子的事很心烦，因为她无意间看到儿子的银行账单，惊讶地发现：儿子上班刚刚半年，就背着她欠了一屁股的债，每个月光利息就得交几千元。

原来儿子为了赶流行、显"酷"，置买了一整套最新的通讯设备，又买了一辆豪华轿车代步；下了班，又喜欢跟朋友一起吃饭、唱歌、跳舞……这样东扣西扣，一个月下来，拿到手的工资根本不够他开销。办了信用卡，刷了又没钱还，只缴最低金额，债就越欠越多。

为了不让债务越滚越大，母亲只好忍痛把手上的一笔定期存款解约，帮儿子还了债，就当这些年为儿子攒的钱都送给了银行。以后也不敢指望儿子什么了，剩下的那点积蓄，就留给自己当养老金吧。

类似的事在现代年轻人中屡见不鲜。这些初入社会的人，领到第一份薪水时，就兴奋地以为自己可以做一切事，处处重享受，样样要名牌，就是不知道什么叫"量入为出"，结果有多少花多少，不够就借，最后不仅是"月光族"，还是"欠债一族"。

现代父母大多赶上了经济起飞时期，通过辛苦工作多少积攒下一些钱财，为孩子以后的生活打下了良好的基础。但是，光忙着为孩子花钱攒钱，父母却疏忽了最重要的一点——教会孩子花钱要量入为出。

上海的一份调查报告称：90%以上的少年儿童存在乱消费、高消费、理财能力差等问题。随着独生子女的增多，一些孩子在消费方面存在很多

问题，缺乏正确的金钱观念。比如现在的孩子们每年春节都会得到数目不小的压岁钱，父母和亲戚平时也会定期地给一些零用钱，就认为"钱是大风刮来的"，"钱是唾手可得的"，根本不了解父母赚钱的辛苦，从而养成大手大脚花钱，不懂节约的坏习惯。

孩子将来总要步入社会，独立地打理自己的生活，所以，对于正在成长中的孩子们来说，学会正确理财，不仅是让他学会用钱，还包含多方面的教育内容和多种能力的培养。聪明地利用零花钱提高孩子的"财商"，将使他们终身受益。

在这个物欲横流的时代，我们的孩子互相攀比，用钱提前享受人生。他们很少能体谅父母挣钱的艰辛和不易！因此，作为父母，一定要让孩子从小就知道钱来得不容易，从小培养孩子的理财观念。

某学校对学生进行了一次"假如我有1000万"的调查，答案可谓五花八门，不少学生在一两天之内就把1000万"花"完了。

这有两个方面的原因：一是孩子对"1000万"完全没有概念；二是孩子这"1000万"来得太容易，因而花起来就不心疼。

怎样让孩子对钱的数目有一个正确的概念？怎样让孩子知道珍惜钱？怎样让孩子学会正确对待和使用钱？如何培养孩子正确的理财观念？这是许多家长苦恼的问题。

为此，部分社会学家、少儿工作者和金融业内人士呼吁：理财教育应从青少年抓起。父母可以定期定量给孩子零用钱，而且让孩子养成花钱记账的习惯，月末总结自己什么钱该花，什么钱不该花。

父母可以和孩子约好每个月或是每周发一次零用钱，并且告诉孩子在下次发零用钱之前，不可以再要。孩子在这段时间可以自己规划自己的钱，父母可以教孩子一些基本的理财知识，比如，可以存起来生利息，如果自己想买喜欢的玩具就要学会零存整取。时间长了，孩子就可以养成较正确的花钱习惯。在此期间，父母切忌因为孩子的哭"穷"或是撒娇了再给孩子钱。

刚开始时，父母可以帮助孩子在领到零用钱时，就先把未来一个周期

所需要的花费记录下来，额外的支出也要随后一一记录，养成孩子记账的习惯。几个月后，家长不但可依这份资金流量表，检视孩子的消费倾向，了解孩子的消费观与感受，一旦出现偏差，也可以适时纠正。

父母要让孩子从小明白：我们的欲望是无限的，但我们的金钱是有限的！无论我们多么有钱，也不可能实现自己所有的欲望。因为欲望是无穷尽的，而自己真正能得到满足的却很少！要学会把不必要的开支删减掉。如果不学会控制自己的欲望、控制不必要的开支，自己终将一无所有！

对孩子手头的钱，父母可以帮助孩子养成储蓄的好习惯。告诉他们"积少成多"的道理，就像知识一样要逐渐积累。

有位父母这样总结他的经验：孩子刚入学时，我用户口本帮他在银行开了账户办了个存折。刚办存折时每次都是我领孩子进出银行填写账单，现在孩子知道了一些基本的金融知识和必要的手续，能够自己独立操作了，而且还会通过算账变换存钱方式增加收入。而且现在孩子开始节俭了，饭桌上不再挑肥拣瘦，生活中不再争吃要穿，大人们给他的钱不乱花乱用，喝过的饮料瓶看过的旧报纸也知道攒起来拿去卖钱，然后自觉地存入银行。给孩子办了存折后，孩子的存钱兴趣愈来愈浓。见此情形，我告诫孩子，君子爱财取之有道，不义之财手莫伸，通过自己劳动所得才是正当收入。

孩子量入为出的观念并不是一朝一夕就能形成的，所以，父母要有耐心帮助孩子制订理财计划，一步一步地实现自己的目标。

给爱炫富的孩子"补课"

夸富是中国人很忌讳的一件事。因为我们的传统文化讲究内敛，不管日子过得多滋润，都不肯与别人说。有句古训叫"闷声发大财"，说的就是这种对待财富的态度。如果有人对自己的小日子沾沾自喜，逢人便说，肯定会遭到耻笑和攻击。

说到夸富，一位朋友遇到过这样一件事。他在上海跟一位女海归谈业务。海归去国多年，还用十多年前的眼光看中国，毫不掩饰自己的优越感。业务谈完，一起出门，海归说："地铁我们不坐，今天我们打的。"朋友差点喷饭，坐井观天，如此夸富，更讨人嫌。

但令人遗憾的是，在今天的社会里，夸富并不仅仅存在于大人之间，在孩子之间也存在这种现象。

近年来，高消费浪潮席卷了中小学校园，越来越多的中小学生，特别是城里的孩子们认为大把花钱是一种时尚，这也成了他们向别人炫耀的资本。有的孩子穿衣服总要穿名牌且喜欢互相攀比；有的孩子喜欢漂亮、高档的文具盒，常常是原来的文具盒还好好的就被丢弃了；有的孩子早点买多了吃不下便随手扔进垃圾桶内；有的孩子过生日邀请同学聚会；甚至有的孩子花钱请人代做作业……这种种现象所形成的暗流，正悄悄地改变着孩子们的价值观、人生观和道德观。

一项调查显示，全国 0 至 12 岁的孩子每月消费总额超过 35 亿元；八成的工薪阶层三口之家，一个孩子的月平均消费竟超过一个大人。

那么，是不是生活好了、家庭富裕了，孩子就可以奢侈消费、夸豪比富了呢？答案肯定不是。有位教育家说过：当父母不断地满足孩子过分的物质欲求时，那是在对孩子进行犯罪。

一个爸爸的困惑：

一次，家里发生了意外事件，财产几乎损失精光。就在我和孩子的妈妈一筹莫展的时候，儿子却对我说："爸，明天是我们班长的生日，他和我特好，给我 300 块钱，我请他到卡拉 OK 包厢过生日。"

儿子的话，使我惊愕。区区小孩，竟然要拿钱给同学包包厢过生日？儿子的消费观念，令我担忧。我说："儿子，咱家最近出了意外，你是知道的，爸爸哪有钱给你请同学过生日？再说，同学过生日，你为何非要请他到那种场所消费？"儿子不以为然："我知道你最近没钱，可 300 块总拿得出吧？再说，请班长过生日，我是想让别的同学看看，我多酷，多有钱！"

听着儿子理直气壮的回答，我只有哀叹不已！

其实这种事情并不是个案，在时下具有一定的普遍性。

这是一个母亲的困惑：

6 岁的女儿最近常常语出惊人。这不，前几天去学校接她放学时，发现女儿竟然站在操场上跟小朋友们炫富，稚声稚气地对人家的书包指手画脚，语气十分不屑："你的书包才 60 多块钱啊！我的书包可是米奇的，米奇知道吗？名牌，是我妈妈在专卖店里买的，花了 300 多呢……"

我忽然觉得心中发冷，不知道说什么好，气呼呼地走过去，拉住女儿的手臂就走。女儿跟在我身后嚷嚷："你弄疼我了。"走出去很远，我才稍微平静下来，转头问女儿："你为什么跟人家吹牛炫富啊？小小年纪就不学好。"看我真的生气了，女儿不再那么嚣张，但还是嘟囔道："这算什么？我们班还有小富翁、小富婆，同学们都排了名次呢。"

接下来的几天，我吃不好，睡不安，想到本该天真烂漫、纯真无瑕的女儿，竟然学会了炫富摆阔，长大后还不成为个彻头彻尾的拜金主义者呀。

面对孩子的炫富心态和行为，父母应该帮助孩子纠正这一行为。因为，家庭是儿童出生后最先接触到的环境，也是对儿童影响最早、影响时间最

长的环境。在个性形成的关键时期，即儿童最具可塑性的时候，大量时间是在家庭中度过的，因而家庭环境对于儿童的发展具有特别重要的意义。

父母的个性特点、教育观念和教养方式对儿童的成长起着举足轻重的作用。父母有钱，又怎样让孩子理解父母的金钱与资产同自己成长之间的关系呢？

在这一点上，西方一些大富翁的做法颇值得中国父母的借鉴。与我们所说的"再穷不能穷孩子"不一样，西方人崇尚"再富不能富孩子"，富翁们意识到让孩子拥有一种天生的金钱优越感，对孩子的成长而言是有百害而无一利的。他们通常只给孩子很少的零用钱，并鼓励孩子自己去打工挣钱，从而让孩子明白：金钱的获得并不是轻而易举的；有价值的财富要靠自身的努力去积累，积累财富的过程或许比财富本身更有价值。

因此，平时父母可以带孩子去自己的工作场所走一走，给他们讲讲自己的创业史，使孩子逐渐明白金钱不是理所当然就有的，需要艰苦奋斗才能获得，未来要靠自己去创造，从而培养孩子"珍惜手中拥有的一切"的信念。

与此同时，父母还应带领孩子接触社会生活，深入社会实际，让他们了解现代社会重视的是知识的竞争、能力的竞争，只有自身掌握知识，提高能力才可能在社会上立于不败之地。通过激发孩子的学习动机，端正学习态度，从而纠正"学习是为父母，好不好无所谓"的错误想法。

给孩子一点钱，让他自由支配

"小股神"名叫王昊，南京人。1999 年的春天，王昊刚满 9 岁，这时他已是个小"富翁"了。爸妈在他 5 岁时就开始给他开了个人银行账户，压岁钱都存在里面。上了小学，爸妈每个月给 50 元零花钱，由他自己支配。

"王昊，分你 100 股怎么样？"有一天，爸爸说，他所在的公司要上市了，拿到了 2000 股职工股，想卖给儿子 100 股。"什么叫股票？什么是上市？"王昊问。孩子太小，爸爸也没办法解释清楚，只是告诉他，可以赚钱。卖给儿子股票的时候，老爸一块钱也没优惠，100 股按当时的价格一共收了 470 元，钱都是王昊从自己的账户里取出来的。

"职工股都是由公司操作的，我就当个甩手掌柜，到 2000 年卖出，卖了 1600 块钱。"

从 470 元到 1600 元，1100 多元的收益，被王昊视做自己掘得的第一桶金。

王昊开始觉得，这是赚钱的好办法，于是跃跃欲试。2001 年可算是王昊正式进军股市的一年。

"我从小喜欢记忆东西，开始是记公交站点，后来看到报纸上的证券版，就开始记股票名称。"尝过甜头后，王昊对股市的报道特别关注。

2001 年，他看了五粮液的年报，决定出手。但是，只有年满 16 周岁拿到身份证才能开自己的股票账户，而王昊这时只有 11 岁，他只得向老爸

求助，借他的名字开户。

"这是高价股，如果跌下来不是很惨?"老爸不理解，劝儿子别买。王昊自有他的理由：中国有很多节日，家庭聚会要喝酒；中国发展空间很大，大家收入提高了就会喝好酒。爸爸听他一番解释，觉得儿子分析得有道理，就爽快地答应了。用那 1600 块钱，加上 2000 元压岁钱，王昊买了 100 股五粮液，后来配股时，他又加投了 500 元。这样，除去买职工股赚的 1000 多元，王昊实际投入的本金大约是 3000 元。从当初的 100 股，经过送股、配股，现在王昊已经拥有 1000 多股五粮液股票，市值最高时曾达到 5 万多元，现在也还有 4.2 万多元。

看来给孩子一点钱，对孩子并没有什么坏处。

可是，也有的孩子跟王昊正相反。

家住北京的 13 岁中学生巧巧是个"韩流"，最近她因为没能到杭州看成偶像的演出而和父母闹了别扭，还投诉到了媒体，声称虽然去杭州看演出总共得花 3000 多元，可她是要用自己的压岁钱去看的，压岁钱应该归她自己所有和支配，还呼吁大人给孩子花钱的自由，让他们去做理想中的事，并拿出国外的例子为证。

以这件具体实例来说，巧巧的父母不允许孩子花 3000 多块钱去杭州看所谓偶像的演出，是对孩子负责任的做法，盲目追星不值得鼓励，千里追星花钱不说，孩子的安全问题也值得担忧。所以不让孩子这样做是正确的。

至于巧巧所说的 2 万多元压岁钱应该归她自己所有和支配，这也有点说不过去。因为既然孩子不具备完全行为能力，也就不能完全地支配金钱，需要父母在孩子理财的时候加以引导，要不然很可能造成孩子花钱大手大脚的不良习性，会降低孩子的"财商"。而且，给孩子这么多的压岁钱也是不妥的，会助长孩子花钱的欲望，养成孩子奢华的生活习惯，甚至还会滋生其自以为是和不理解父母的品性，觉得自己是个有钱人了，就可以为所欲为不受管束了。

给也不是，不给也不是，那么，父母到底应该怎么做呢?

对已经懂得钱的用途，尝到有钱的好处的孩子来讲，父母其实可以借

着这个机会培养一下孩子的理财能力。孩子不是生活在真空之中，交给孩子支配一点钱的权力，帮助并指导孩子合理使用钱，学会协调欲望和金钱之间的关系，可以促使孩子形成正确的消费观和财富观，培养孩子在消费上的责任感。

香港富商李嘉诚每次给孩子零花钱时，就是先按 10％的比例扣下名曰"所得税"的一部分；西方著名富豪摩根，当年靠卖鸡蛋开小杂货铺起家，发财后，他要求儿女为个人每月仅 1 美元的零花钱制订一个支出账目。两人的共同之处在于要求孩子花钱时，必须先预估价格，确定预算，然后才能购买，他们不是吝啬鬼，只不过是在培养孩子们的理财意识和习惯。

在对待钱的问题上，父母应该给孩子一点资金，让他在一定范围内支配，这样可以更好地调动孩子学会开支的能动性。让孩子学会独立地、合理地使用钱，这对孩子的成长也是十分重要的。如果我们把孩子所有花钱的安排都包下来，不让孩子学会独立支配，对孩子社会性的发展、成熟也是不利的。比如孩子日常的学习用品，他们自己能够购买的，就可以交给他们自己去处理；孩子在兴趣爱好、伙伴交往、社会捐赠等活动中都需要一些钱；此外告诉孩子可以怎样使用钱并且让钱发挥最大作用，余钱可以存入银行，既安全又可以有利息收入。如果孩子自己能支配并且使用得合理，不仅培养了孩子的独立性，学会了理财，而且也促进了他们的同情心及交往能力的发展。

传授省钱秘方，让孩子做购物高手

"金融危机"，一个令不少人谈虎色变的话题。由此衍生的就业危机、薪资危机、消费危机、还贷危机，在沸沸扬扬的传言和真真假假的现实中，流传和上演着。越来越多的人开始捂紧钱袋子过起拮据生活，"怎样省钱"成为媒体和众人热衷的新议题。

"省钱"是一种生活态度，也是一门生活学问。许多人也许并不屑于"省钱"，认为这种家长里短、鸡毛蒜皮的小事有失风度，或将"省钱"等同于"抠门"和"一毛不拔"。但学会"省钱"，其实也是学会过日子，在经济并不景气的背景下，学会"省钱"更有其现实意义，或许它就能帮不少人度过"经济寒冬"。

香港拍过一部电影《悭钱家族》，里面的曾志伟、杨千嬅为省钱跑到公厕洗澡，去商场试吃免费食品……在他们略带夸张的表演下，那些悭钱行为看起来很搞笑，同时又让人觉得辛酸。好在，那只是一场为了赢得电视台大奖的"悭钱"游戏，4天就结束了。

就我们自身而言，那些招数实在不值得借鉴，一是不具备"可持续性"，因为过日子毕竟不同于游戏，天天去公厕洗澡或吃免费食品，实在不可行；二来，如果生活因为省钱而"沦落"到如此地步，实在是让人汗颜。

其实，省钱并不是让人变成一个守财奴，锱铢必较，一毛不拔，要知道葛朗台是永远不会快乐的。高明的省钱人，应该是该花的绝不吝啬，该省的绝不浪费，用理性、科学的方法去省钱，比如在网上以极低的价格淘

得一套漂亮的床品，走遍全市竟然都找不到类似的花色，那种暗爽或开怀，就是省钱带来的最大附加值了。

省钱并不是艰苦年代的事情，就算是经济条件很好的家庭，父母也有必要教给孩子省钱的方法。

案例一：徐妈妈认为自己始终没有教会孩子理财。"儿子有多少花多少，我发现他拿钱买了游戏卡、充值币。我要没收他的钱，他很生气，他说'会花钱才会挣钱'。"

案例二：雷妈妈倒是教给孩子省钱，结果发现孩子会算计得有点过分。一天下班，雷女士忘了给孩子买早点，就去麦当劳买了个汉堡给孩子做早餐。她告诉孩子："这个汉堡11块钱，如果买包子才花2块钱，这个汉堡相当于5天的早餐钱。"结果孩子说："昨天老师让我报名参加美术比赛，报名费10块钱，我想这些可以买5天的早餐呢，就没报名。"

看来，对孩子的省钱教育还不是一件简单的事情，我们要把省钱秘籍传授给孩子，让孩子做购物高手。以下归纳几种省钱方法介绍给家长：

一、凭借网络省钱

"网上团购"是最锋利的省钱利器。"想让价格再便宜些，就去网上团购!"如今，很多消费者看上某样东西，并不急着出手，要么在网上到处寻觅，有没有"志同道合"者；要么干脆自己组织一个团，带领一帮人马去杀价。通过网络团购，往往能节省20%甚至更多的费用，最适合大宗商品如房屋、装修材料、汽车家电的采购。

对个性化消费来说，网络也提供了省钱的捷径。如购买服装、化妆品、书籍等，到传统的商场书店去购买，价格往往要贵很多，而且很折腾人。而通过淘宝、当当等网站，往往能以传统商场、书店一半甚至更便宜的价格买到相同的商品，从而节省不小的开支。

此外，网络还提供了一个省钱的娱乐平台。去电影院看场电影，加上零食和来回车费，两个人的花费动辄超过200元。而在网上看，尽管视觉听觉效果差了点，但可以随心所欲，关键的是几乎可以"零成本"。千好万

好，不如省钱好！

二、巧利用省钱

像和田裕纪这样的"省钱大师"，现在俨然成了"明星"。这个 35 岁的东京主妇，把身体力行的各种省钱绝招贴到了博客上。结果她的博客点击率不断攀升。和田把洗澡水省下来洗衣服擦浴室；仔细记录家里每样电器的耗电量而且每月跟踪，出门时家里多数地方是没电的，除了冰箱等不能关，她会将别的电源通通切断；甚至橘子皮都不直接扔掉，而是擦过皮鞋再扔。

我们还可以在冰箱上贴清单减少开门次数。为了省电，把冰箱里放的东西列成清单贴在冰箱上，每取出一样就做个记号，比如拿出了白菜，就把白菜划掉。这样不用开冰箱门就知道冰箱里还剩多少食物，可以减少开冰箱门的次数。微波炉的作用也很多。结块了的盐和砂糖，倒在纸巾上加热后包起来，用手揉揉就可以恢复原状。萝卜、土豆、南瓜等根茎菜煮起来费时费火，先放在微波炉里转几分钟，可以节约不少煤气。

三、妙招省钱

天天记账心中有数。"原来不记账，花钱都没个数。现在能清楚地知道钱都花哪里了。"习惯每天回家记账的陈女士说。现在，记账方式不像传统的只能用笔记本记账，还可以选择一些家庭理财软件，以及正在流行的网络记账。这些信息时代的记账方式多有统计分析功能，能够生成各种财务收支图表。目前提供记账服务的网站包括聚宝网、中国记账网、中国账客网、钱宝宝、蘑菇网、Mymoney 等记账网站。

省钱并不只是大人的事，作为父母，孩子稍大一些，要让他学会精打细算。比如同样是吃肯德基，如果注意从报箱、商店等地方收集优惠券，一个汉堡包加一杯可乐就会省下 4 元钱。购买文具时可以多看几家商店，同样东西谁的便宜买谁的；也可以让孩子联合同学进行砍价，或进行"团购"，这样可以节省不少钱。我们要把自己的生活经验告诉给孩子，不要等到孩子长大后自己挣钱却入不敷出时才开始着急后悔。

告诉孩子，多买需要的，少买想要的

多买需要的，少买想要的。这个道理看似简单，其实不然。生活中有些人会陷入盲目花钱误区。

举例来说，有些人买东西喜欢赶时髦和潮流，图一时痛快而根本不去考虑所购物品的实用性。就拿衣服来说，有人明明已经有好多衣服，但为了赶时髦、追时尚，一看到流行服饰出现，也不管合不合适，需不需要，先买了再说，结果往往是扔在衣柜里。再如还有些人一看到街上打折、清仓、甩卖，便跟着抢购便宜货，结果一些买来的物品自己根本不需要。

还有很多人喜欢新奇、新鲜的东西。很多厂商也逐渐摸到了消费者的心理特点，给产品增加了很多并不实用的功能。这些功能本身其实并没有太大的使用价值，顶多是偶尔能起点作用罢了，而且实际成本也不高。但产品一旦加入这些功能后，身价就开始攀升，并且在宣传上也夸大其词，推销人员往往向那些不太明白产品功能的用户灌输错误的观念，直到把消费者忽悠晕了为止，乖乖掏钱买"高档货"。

针对上述情况，我们消费前要先考虑好消费对象是否自己真正需要、真正喜欢、真正有用的，不花冤枉钱。比如现在到处流行的幸运抽奖，很多时候只是美丽的谎言而已，以"抽奖"招揽顾客，而所谓丰厚的奖品根本就是镜中月。这个时候我们一定要保持冷静的头脑，以平常心看待，关键是考虑商品本身，切不要为了奖品而做无谓的消费。

切记，无论商品广告如何吸引人，消费者都应有真知灼见，看穿营销

包装的背后，其实是引诱你做一些无谓的消费，即使有时是"特价再特价"甚至"跳楼大甩卖"，聪明的你可千万别上当，头脑需保持清醒，只买需要的东西，而不是迷失在厂商打出的价格战中。

所以购物时应坚持"三不二要"之原则。"三不"就是要做到：不留恋、不摆阔、不寅吃卯粮。所谓不留恋就是在出门购物前需先详列清单，到了购物点就依照清单上所需物品直接进行选购，而在选购完毕后就不再逗留，避免无谓的消费。不摆阔就更容易理解了，我们有时的消费是为了满足当"大爷"的欲望，常经不起店员的吹捧。还有信用卡的泛滥及不当使用，常会使消费者有种不用付费的错觉，实际上是"现在"享受不花钱，心痛却在下月账单出现时。

"二要"就是我们在购物时要讲求实用、要坚守环保原则。消费时，在讲求实用又坚守环保原则的前提下，我们就不会做出奢侈浪费的消费行为。从生活各层面来说，食的部分：消费者应以国产的当令蔬果、肉品为主，加工、冷冻食品为辅；尽可能选购有机农产品，以推动有机农业；还有拒绝加入"吃到饱"的行列，以免浪费粮食又折磨自己的肠胃。衣的部分：切忌追求时尚流行，更不因大减价而疯狂添购不必要之衣物；质料以选购天然纤维纺织品为佳；适当接受"二手衣"的新观念，殊不知别人的"旧爱"可能就是我们的"新欢"呢。电器用品部分：消费者可要睁大眼睛看好，自己选购的商品是否具有环保或节能标章；装置省电灯具或节水设备，绝对能让你在水、电账单上深深地体会到"聚沙成塔，集腋成裘"之效。交通方面：近程可步行或骑自行车，远程则以公共运输工具为主，少开车不但省下油钱、保养费，更为环境减少污染、对抗暖化多尽一份心力。

无论是能源的短缺，或是《京都议定书》中各国全面减少温室气体排放的协议，都显示了这些是国际性的焦点，更是全球性的议题，而身为地球村一分子的我们又岂能置之度外呢？所以，唯有在生活中力行"简朴生活"——少食、少用、少丢，多思考、多分享、多利用，我们才能在节约与环保行动中创造双赢的局面，而在面对庞大的生活消费上，纵使难以"开源"（理财投资），至少你我还可以携手做个环保达人，努力向"节流"

奋斗吧!

我们不应该盲目追求多功能,多功能意味着多付钱。作为大人,其实,我们也常常禁不住商家的诱惑,买一些自己根本不需要的东西。更何况孩子呢?

在孩子一天一天的成长过程中,父母也要告诉孩子买东西的时候,不是自己想要买的都有必要买,要注重实用。让孩子不买没有使用价值的东西,这不光能够节约下一笔不小的开支,也将培养孩子对商品本身的洞察力,对孩子今后无论是消费或是做生意都大有好处。

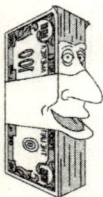

告诫孩子，要合理使用零用钱

有一家长诉说他 10 岁的儿子，天天向自己要零花钱，每次多时几百元，主要用于买零食、打游戏机、买玩具等。不给他零花钱，他就缠着自己哭闹。

有位专家给父母支招：给孩子 20 元的零花为基数，教育孩子要合理地使用这些钱，要有正确的理财观念。首先孩子的零花钱要定期给，限定数量。每月总体零花钱不超过 30 元，对如何花这些钱，要孩子有计划，有大体的安排，不得超支。这样可以养成量入为出的习惯。其次，在孩子花钱时，明确规定使用这些钱的范围，只准在买学习用品，或资助因难同学，少买零食，其他皆不准支取，并且，要建立一个支配零花钱的明细账，使孩子养成精打细算的好习惯。最后，父母要定期检查孩子零花钱的去向，发现使用不当的地方及时指出来，让孩子知晓利害。

其实，现在孩子手头并不缺乏零花钱。春节拜年，长辈给孩子"压岁钱"向来是中国的传统。过去"压岁钱"只是一种象征性的礼物，它寄托了长辈们对晚辈的关爱和希望。如今，随着生活水平提高，压岁钱的"行情"也一路看涨，成为孩子不小的一笔收入。除此之外，父母还要给孩子零用钱。现在的孩子，大多数都生活得很幸福。能满足的，父母都是尽力满足孩子的要求；孩子需要零花钱，父母就给。零用钱对父母来说，并不只负责给，还要引导孩子合理使用零用钱。

如果孩子没有计划乱花钱，给他一分都是浪费。如果孩子有计划，合

理利用零花钱，那给多少都不怕。因为孩子勤俭节约，会把不需要花的钱存起来。所以，给上学的孩子多少零花钱是一个次要问题，为人父母者都要先想想，如何教育孩子珍惜每一分钱，合理计划，让所花的每一分钱都发挥其最大价值。

有人说，零用钱是孩子学习消费的"学费"。确实，花钱不是一件简单的事，从分析需要、节制欲望到收集资讯、选择商家、比较商品的质量与价格，再到讨价还价、找零核对，在支配零用钱的过程中，孩子能学到的东西很多很多。所以，明智的父母不会排斥孩子用钱，而会教孩子如何花钱。

孩子在花钱买东西的过程中，父母要帮助孩子形成合理的消费观念，培养其基本的消费能力。

父母应该告诉孩子，有了钱，并不是想买什么就买什么，父母要帮助孩子逐步分辨哪些是必需的，哪些是可有可无的。要让孩子懂得节俭是一种美德，可使我们把更多的钱用在更有意义的事情上。在闲暇时候，父母不妨在带着孩子逛超市时，在琳琅满目的商品陈列架前，比较各种货品的质量与价格，学会综合权衡。在购物时，通过"讨价还价"，可以让孩子明白商家的出价与物品的实际价值之间是有空间的，学点"生意经"，避免"吃亏"，孩子的语言表达能力也会得到锻炼。带孩子一起买东西时，简单的运算可以让孩子去完成，让孩子替大人跑腿买东西时，要求他汇报价格与余额，这些都是训练孩子找零核对的实战机会。

孩子上小学以后，可以利用零用钱进行相关的理财教育，比如以下几种理财教育：给孩子开设一个银行账户，让孩子熟悉金融机构办理手续的一般程序，知道账户里的钱属自己所有；让孩子学会计划开支，比如可以让孩子拟一个本周开支的清单计划，为自己的各项开支作一个大致的预算；学会记账与核算，用一个小账本记录自己的开支项目，及时总结以便调整消费计划；针对大宗物品，可以让孩子体验积攒与借贷的意义。比如，孩子想买一双轮滑鞋要 100 元。父母可提议孩子通过劳动报酬与表现奖励争取额外的收入，同时每周积攒 5 元，攒足 3 个月，凑满 60 元，再向父母借

贷40元，2月还清，付息2元。在这些"模拟"的金融活动中，孩子可以真切地领会到储蓄与借贷的意义与价值。

要让孩子知道钱的意义不只是钱。比如，捐赠活动中父母掏钱孩子捐赠，孩子并没有受到爱心教育。最好是让孩子掏自己的钱，孩子就会面临得与失的权衡与选择，这时无论捐多捐少都是爱心的表达。

刚入中年的父母，事业多是处在顶峰，即使不是大富大贵，也是衣食无忧了。加之又只有一个孩子，用在子女身上的花费自是不少。给孩子零花钱是正常的，但不能无节制地有求即给，也不必刻意减少或是不给孩子。孩子支配合理的零用钱，可以培养孩子的责任感和决策能力，同时可以让孩子逐渐加深对金钱价值的理解。

关于零花钱的用途，父母应郑重其事地和孩子进行讨论，以期达到彼此满意的解决办法。并且要告诉孩子，协议一旦达成，他就必须遵守执行。也要让孩子明白，零花钱是家庭生活中的一项制度、规矩，这并不是父母对他施加压力的一张王牌，也不会因父母的情绪好坏而随意增减数量。

总之，父母一定要重视孩子零用钱的问题，给得太多太少都会对孩子金钱观的树立产生不利的影响。一定要以恰当合理的方式和孩子协商，也让孩子学会正确消费，这有助于对孩子理财观念和财商的培养。

第十章

要生存就必须会淘金

有关调查表明，在所有未成年人的犯罪中，因抢劫、盗窃等与"钱"有关的罪行而锒铛入狱的，占到全部未成年犯罪的70%以上。所以，君子爱财，应该取之有道，否则将会走向深渊。

华尔街精英拥有很多财富，但是他们并没有因此去怜惜孩子，让孩子坐享其成，在孩子很小的时候，这些富豪们就开始锻炼孩子持钱的能力。

作为父母，我们要告诉孩子，要想生存必须会淘金，用合理合法的方式淘金，因为"天上不会掉下馅饼"。

坐吃山空是通向坟墓的道路

艾米丽在俄亥俄州戴顿大学上大二，她和几个同学住在学校旁边的一所房子里，房东就是艾米丽。房子是两年前艾米丽即将上大学时父母送给她的礼物。"房子是你的啦！"她还记得爸爸把一个装着钥匙的精美礼盒放到自己手中时说，"我已付清了首付款，今后你就是房子的主人，不仅要负责把自己不用的房间租出去，还要用房租来支付银行每月的按揭和你所有的生活开支，房子是爸爸为你进行的一笔投资，能否获利就看你的经营状况了。"

艾米丽把两个卧室租给同学，她们很愿意租。因为学校的住宿费是每学年 4200 美元，但住宿区条件很不好，大家都戏称那是"贫民窟"，而艾米丽的房子每学年只需要 2250 美元的租金，还可以拥有一个安静空间。

艾米丽的爸爸称那所房子是女儿的一个活生生的理财实验室，因为她是学商的，他说："让她经营这所房子是让她学会理财的最好方法。""上财会课时，很多同学都不知道那些公式在现实生活中是怎么回事，他们大多数都没有直接和银行打过交道，更没写过自己的财务报表，但是我就懂得这些，因为我要自己处理这方面的问题。"艾米丽自豪地说。

艾米丽要自己去考察租房市场的行情，寻找房客，收取房租后支付银行每月的按揭和生活开支，还要负责房子的维护和保险，这一切她最有感触了："你得保证有人来租你的房子，不然房屋空置，就没有办法还银行的贷款了；维护房屋要花掉不少钱，如果你的房客是派对狂热者，那要花的

钱更多；有时到还款时间了，银行会打电话提醒，这让我很紧张，但是最后我都顺利把款交上了。"

现在国外很多家长都在不约而同地想尽各种方法培养孩子赚钱的能力。赚钱能力的培养对孩子的未来是大有裨益的。那么，我们又怎样从小培养孩子的赚钱技能呢？

通过家务劳动来获得报酬，是父母教育子女的传统方式之一，这种方式的代表人物是摩根财团的创始人老摩根。

老摩根靠卖鸡蛋和开杂货店起家，发家后对子女要求十分严格，规定孩子每月的零花钱都必须通过干家务来获得，于是几个孩子都抢着干家务。最小的托马斯因为老抢不到活干，连每天买零食的钱都没有，所以非常节省。老摩根知道后对托马斯说："你不应在用钱方面节省，而应去想怎么多干活才能多挣钱。"这句话提醒了托马斯，于是他想了很多干活的点子，零花钱渐渐多了起来，最后他明白了理财中赚比省更重要的道理。

有些理财学者并不十分提倡通过做家务来获得零用钱的方式，他们认为父母应该让孩子知道，在享受这个家庭带给他的幸福之外，他还应承担对这个家庭的责任和义务，而家务就是他必须要承担的义务之一。

尽管在一些人看来，父母与孩子进行金钱交易会有损家庭关系，但实际上，让孩子通过做事来换取零花钱只是教育方式而已，家庭关系并非是用金钱来衡量的。

在一个失业工人的家庭，他的4个孩子都还不到12岁，然而他们却都很清楚父亲是什么时候失业，什么时候找到工作的。他们在父亲失业时为家庭付出的劳动都是免费的，完全是为了帮助父母。而当父亲重新开始工作的时候，就得为孩子的劳动付费了。这时，孩子们也可以心安理得地用劳动去换他们的零花钱，分享父亲获得工作和金钱的快乐。

此外，在生活中教会孩子主动发现一些"商机"也是很重要的。

张先生是一家公司的高管，年轻时曾经远赴海外留学，国外父母从小就开始培养子女挣钱能力的做法，给他留下了深刻的印象。在对女儿的教育中，他也开始有意识地进行"财商"教育。"我觉得女儿学校里有一次二

手书交易市场的活动办得就很不错。"在二手书交易市场上，孩子们把自己
已经读过的书籍、报刊带到学校里，几个人开设一个小型的书摊，孩子们
自己定价、互相侃价，一天的活动下来，张先生的女儿卖书挣了 60 多元，
又用这笔钱买了不少别的小朋友的旧书。

在美国，父母还用许多方式来鼓励孩子的赚钱行为。当然，这种鼓励
不是让孩子尽情消费他们赚到的金钱，而是通过一些方式把金钱积累下来，
并借机教会他储蓄或稳健投资等一些最基本的理财技巧。毕竟，能把自己
赚来的钱积累下来，还能感受到金钱在储蓄账户里增长，这对每个孩子来
说都是神奇的体验。

美国犹他州的迈克尔·艾耶斯介绍经验说："我儿子 16 岁时，找到了
一份在当地电影院卖爆米花和糖果的零工。我和妻子决定，他在电影院打
工每赚到 1 美元，我们也拿出 1 美元存入他的个人退休账户。1999 年，儿
子大学毕业时，我们在他的账户里存入了最后一笔钱。7 年来，我和妻子
用这种方式为儿子投资了 1.0682 万美元，现在他的账户里共有 1.4684 万
美元，这对于一个 22 岁的年轻人来说，已相当不错了。"

总之，作为父母，我们要让孩子知道坐吃山空是自己让自己灭亡的消
极手段，唯独自己拥有挣钱的能力才可以让自己生活得更好。所以，父母
要鼓励孩子赚钱，帮助孩子赚钱。

与孩子共同理财

　　理财教育是生存教育的一部分。美国学校也重视"钱"的教育，认为这是把孩子从"象牙塔"上"请"回到社会现实中来。

　　一名外国家长谈及学校的理财教育：我儿子的学校里举办过几次模拟社会活动。一次是同学们自由组合各种各样的公司，在同学、老师间做生意，看谁能赚更多的钱。这个活动前后搞了一个月，孩子们的"公司"或是白手起家，或是自筹资金。有些五花八门的公司，根本无法在社会上找到原型。比如，有个公司的产品是用糖果饼干"组装"成一棵"小树"，每棵叫价 5 美元。这个公司靠"生产"社会上没有的、新奇的"产品"来取胜。我儿子成立的是一家卖中国字画的公司；有个印度小孩的公司想做"跳蛇舞"的生意，但由于没有真蛇可"舞"，只能自己傻跳"人蛇舞"，"看热闹"的倒是有，付款的却没有，所以没几天就倒闭了……

　　另一次活动是学校让几个班的孩子组成一个"工贸"性质的公司。孩子们各有自己的角色，有当工人的，有当设计人员的，有当管理人员的。公司内部用假钱流通，把个人的工作角色同报酬联系起来。儿子是个设计师，属于动脑一族，才干了没几天，他就发现公司"分配不均"、"贫富悬殊"：动手的，不如动脑的；动脑的，不如动嘴的（领导）。

　　还有一次，是举办真正的"拍卖会"，学生以自己的成绩换算成拍卖的资金，拍卖物都是孩子联系各个赞助公司得来的。儿子同一个同学"斗智斗勇"，最后得到了他最想要的电子游戏卡。

　　美国学校开展的这些活动很注意让孩子们学习社会上的"生存竞争"的技巧，让孩子看到社会竞争残酷的一面。这样，有关"钱"的教育也就随之进入到另一个层次，即把"赚钱"的行为演绎得更贴近生活了。

　　然而，在中国，很少学校有类似美国这样的理财教育。所以，在培养孩子理财观念上，父母要扮演主要角色。不过要培养孩子良好的理财习惯，一定要对孩子有充分的信任，赋予其对金钱足够的支配权，作为父母更多的是对孩子进行教育和督导。这样有助于其正确金钱观念的养成，培养良好的消费习惯。

　　许多孩子逢年过节会收到长辈给的零花钱或压岁钱，久而久之，手上也有一笔不小的存款。这时父母可以帮助孩子建立一个消费小账本，帮助孩子理解支出、库存和收入等概念，每次得到零花钱或是买东西都要一笔不漏地登记在册，父母可在固定时间和孩子一起分析总结，看哪些消费是必需的，哪些是浪费的。这样，孩子就能够从实践中理解到理财的重要性，学着有计划地消费。对于年龄小的孩子，父母可以先给孩子做示范，再慢慢放手让孩子自己学习记账。

　　另外，父母还可以在日常的购物中教导孩子理性消费。比如，买东西时多走几个地方，货比三家，告诉孩子无论买什么东西都不能大手大脚；逛商场时要和孩子说好：今天只能买一样东西，或者只能花多少钱，这样对孩子有所约束；可以让孩子做一些力所能及的事情，如买菜、买日用品等等，让他们切身了解家里的消费开支，珍惜金钱。

　　父母引导孩子熟悉复杂的投资工具，并最终学会操作工具是件非常复杂的事。可以先和孩子玩"大富翁"类的游戏，从游戏中建立起对投资的初始印象，然后介绍给孩子简单的投资知识。譬如将股票比做一件商品，先教会孩子股票价格涨跌的概念，再带他们到离家最近的证券交易所，告诉他们大屏幕上红红绿绿的意义，然后挑一支耳熟能详的股票，并让孩子试着操作一下，告诉他买入价格是多少，卖出价格是多少，是如何实现盈利，或者怎样才亏损的。

　　在了解了投资的表象意义之后，父母的另外一个重要责任就是告诉孩

255

子哪些因素会对价格的波动形成影响。父母切忌通过公式或教学的方式来说教，而应该把投资与现实生活密切结合起来。选择一些孩子知晓的公司股票，比如家里电视、冰箱的生产公司，这些出现在孩子身边的品牌对于他们并不陌生，进而父母可以陪孩子一起注意所投资公司的相关信息，让他们知道哪些信息会促使他们的股票涨价或跌价，对投资的钱会有何影响，在潜移默化中，孩子自然就学会基本的股票投资原则了。

其实，父母对于孩子赚的钱不在乎有多少，甚至也不在乎亏损，因为亏损是教会孩子市场法则的必要通道。让孩子通过操作用自己赚来的钱购买的股票，彻底领会投资的意义和技巧，这比让他上多少节关于投资的理论课都来得重要，这才是教孩子理财的关键所在。

培养孩子赚钱的野心

天下财富遍地流，看你敢求不敢求。金钱多么诱人啊，但要赚大钱一定要敢于行动。世界没有免费的午餐，也没有天上掉下来的馅饼。谁都想成为富翁，敢想还要敢干，不敢冒险只能小打小闹，赚个小钱。

试看天下财富英雄都是有胆有识的。想当年比尔·盖茨放弃哈佛大学学业，白手起家创办微软，是何等的胆识和行动力。美国最年轻的亿万富翁迈克·戴尔，在大学读书时就组装电脑卖，感到不过瘾便开办电脑公司，是何等令人钦佩。甲骨文公司老板埃里森不仅放弃哈佛学业，赚取 260 亿美金，还回哈佛演讲，鼓动学生退学，被警察拖下讲坛。还有网易丁磊、健力宝张海、实德徐明等等，他们之所以有今天的业绩，就在于他们当初敢于冒险，敢于行动。

要想富，就不要怕，先迈出一小步，然后再迈出一大步。

特奥的哥哥叫卡尔，有一年他的父母不幸辞世，给他们两个留下了一个破旧的杂货店。微薄的资金，小店非常简陋，他们靠着出售一些罐头和汽水之类的食品，勉强维持生计。

他们不甘心过这种穷苦的日子，不断地寻找发财的机会。

有一天，卡尔问弟弟："他人与我们经营同样的商店，为什么别人的生意会如此红火，而我们的店却这样惨淡呢？"

特奥回答说："我觉得我们经营有问题，如果经营得好，小本生意也可以赚钱的。"

257

"可是，如何才能经营得好呢?"有一天，他们决定去别人商店看一看，学习别人经营的方法。

他们刚来到一家商店门口，见这家商店顾客盈门，生意红火，引起了兄弟俩的注意。他们走到商店外面，看到门外有一张醒目的告示上写着："凡来本店购物的顾客，请保存发票，年底可以凭发票额的3%免费购物。"

他们看了这份告示，终于明白这家商店生意为什么会如此兴隆了，原因就在于顾客就是贪图那"3%"的免费商品。

他们回到自己的店里后，立即贴了一个醒目的告示："本店从即日起，全部商品让利3%，本店保证所售商品全市最低价，如顾客发现不是全市最低价，本店可以退回差价，并给予奖励。"

兄弟两个没有继续像父母一样，靠小店维持生计，而是想成为富人，于是他们去学别人经商的智慧，使他们的商店迅速扩大，成为世界上最大的连锁店之一。

手岛右郎是日本的学者，有一年到中国讲学，他所讲的题目就是"穷也要站在富人堆里"。他说："有一种穷人算是穷到了家。他们宁愿在穷人的队伍之首做一辈子穷人，也不愿跑到一支富人的队伍之尾去做一会儿富人。"他还说，"穷是一种切肤没齿的感受，富是一种矜持倨傲的状态。穷人只有站在富人堆里，汲取他们致富的思想，比肩他们成功的状态，才能真正实现致富的目标。"这话似乎有点刻薄，却有一定的道理。穷就要改变思维，就要寻找打开致富之门的钥匙。

富人身上有很多东西是值得我们学习的，第一种要学习他们的创业精神。不论身处何种境地，都永远不安于现状，不满足于现状。富有是随时都可能变化的。今天有钱，明天就可能变成穷光蛋了。富人们千万不要以为，今日有钱就可以高枕无忧了。所以，我们要有成为富人，永远都是富人的野心。

有这样一个故事：有一个乞丐每天在大街上无所事事地斜躺在地上，面前放着一只破碗，旁边还放着一根讨饭棍。每天有很多人经过这里，不少人见他可怜，就在他的破碗里丢几个硬币。

要生存就必须会淘金

　　有一天，一个年轻的律师出现在这个乞丐的面前说："先生您好，您的一个远方亲戚已经不在人世了，留下3000万美元的遗产，根据我们的调查，您是这笔遗产的唯一继承人，所以请你在这份文件上签个字，这笔遗产就属于您的了。"一瞬间，这个人从一无所有的乞丐变成了百万富翁了。

　　别人问他："您得到这笔3000万的遗产之后，最想要去做的是什么事呢?"乞丐回答说："我首先要去买一只像样一点的碗，再去买一根漂亮一点的棍子，这样我就可以像模像样地讨饭了。"

　　听起来觉得很可笑，可这样的事情往往就会发生在我们的身边。虽然你的外表可以改变，但是你内心深处还是原来的自己，所以你还会回到以往的行为。俗话说："江山易改，本性难移。"没有赚钱的野心，就算是你腰缠万贯，也等于是"坐吃山空"。

　　当今的社会，是一个不可缺少金钱的社会。古人常常告诉我们："锦上添花人人有，雪中送炭世间无。不信且看筵中酒，杯杯先劝有钱人。"钱虽然不是万能的，但是没有钱是万万不能的。成为富翁是每个人所希望的，要想达到这个理想，一定要有非常强烈的赚钱欲望。而现实的金钱，也是用来满足个人欲望用的。

　　作为父母，我们要告诉孩子，有胆识你就有可能成为富翁，有野心你才有可能拥有财富。

有条件地让孩子到社会打工

对于让孩子打工，家长无外乎有两种声音。一种声音是不同意，认为孩子还小，社会经验不足，怕在外面上当受骗。而且孩子还处于学习的年龄，外出打工还太早。无论如何孩子学习还是第一位的，外出打工挣钱的想法都是不现实的。另外一种声音则是赞同，孩子假期打工挣钱可以和社会提前接触一下，锻炼与生人交往的能力。

先讲一个丁洋在中国股海冲浪的传奇故事。从信息技术专业的大学生，到颇具专业水平的校园歌手；从证券节目的电视主持人，到活跃于股海的私募基金经理。丁洋每次总是从玩票起家，一不小心就玩成了职业选手。

丁洋在投资理财上的兴趣与天分，从他读中学时起就已经开始显露出来。

由于父亲是大学里的教授，丁洋从小家境颇好。但是，衣食无忧的教授之子，却偏要打暑期工。读高中的那几年，丁洋每个暑假都要去当报童。他选择了周末发行的《电视报》，每份零售价 0.12 元，一份他可以从中赚到 2 分钱，丁洋每周要批发 1000 份。当时，周五出版的《电视报》，在周末两天时间里十分好销，但如果到了周一还没卖完就基本上烂在手里了。为了在周末短短两天时间里卖掉手上的 1000 份报纸，丁洋总是想尽办法，动足脑筋。有时候遇上好心的报贩子，让他站在旁边卖，他就可以利用每天习惯性买报的固定客户。有的固定报摊嫌他抢了生意，赶他走开，他就不得不走街串巷，沿街叫卖，像个真正的街头小贩一样。还有的时候实在

卖不完了，他就发动同学、邻居小孩，把手里的报纸再转批给他们，收入分成，各得一分钱。

就这样，一个暑假八个周末，8000 份报纸卖下来，丁洋赚到的第一桶金大约有 100 多块钱。而在当时，丁洋的心还不在这 100 多块钱上，从他卖报时所记下的日记来看，他强迫自己做这种苦行僧式的暑期工，就是要看自己是否能真正坚持下来，有没有这种毅力。事实证明，这种执著与勤奋正是他后来的人生道路上最重要的支撑力量。

从丁洋打工的经历，我们可以看出，打工对孩子是有好处的。打工不仅让孩子挣到零花钱，还能体会到工作的意义和辛苦，懂得珍惜别人的劳动成果。打工无疑是锻炼孩子的，特别是让孩子们从毛遂自荐开始。打工教会孩子们如何"打动对方，推销自己"。无论年龄大小，有无经验，你都得走上大街，站在一个个陌生的门口徘徊，待鼓足勇气之后推门进去，得到的可能是一张冷脸或者一句冷冰冰的话：我们不用人。你还得到下一个门口站定，重新调整好自己的情绪和面部表情。在正式开始"打工"之前，孩子已经经受了挫折考验。

为让孩子们不丢掉自己当年那种艰苦朴素、自食其力的精神，拥有千万资产的富翁冉敬芳要求她的 5 个孩子在"不继承协议书"上签下了各自的名字。其内容是："五个子女，如果谁愿意读书以及深造，父母必须全力支持；如果谁自动放弃读书，就必须投入社会就业，未满 16 周岁的必须在家参加劳动，家长不做任何经济上的援助……父母的财产以及遗产只能由父母支配，任何子女没有权利过问以及干涉。"利用暑假，冉敬芳还将 5 个孩子全部安排在了自己的养殖场里打工，工资跟普通工人一样，并且每天按时考勤，迟到、早退或者工作失误照样扣钱。

在美国的富裕家庭里，孩子一到法定年龄（一般是 13 岁左右），家长就会给他找工作，比如餐馆的跑堂、超市的收银员、给人家看孩子等。有统计数据表明，打工开始越早的人，日后的平均收入就越高。因为打工越早，说明你的"事业"起步得越早，在竞争中先声夺人。

早早打工的收益当然还不止这些。"童工"干的是最低端的工作，而且

经常一对一和顾客打交道，比如在街上摆摊零售，对孩子而言，与人的沟通和说服能力是非常大的考验。在美国总统大选的预选中，在衣阿华和新罕布什尔州竞争得如火如荼。这两个州人口很少，候选人要面对面和选民接触，进行"政治零售"，许多票是一张一张拉来的。要是从小摆过摊，向顾客一对一地兜售惯了，面对这样的局面就比较容易赢。

中国家长也应该向美国家长学习，注意培养孩子自食其力的能力，要让孩子从小认识到劳动的价值。只有这样，当孩子步入社会的时候才能尽快地适应社会。

美国有好多中学为了培养学生独立生存的能力，特别规定，学生将毕业时，必须不带分文，到社会上独立谋生两周才允许毕业。

在美国的中学生中流行的一句话是：要花钱，自己挣！不管家里经济状况如何，孩子到 12 岁以后，就必须得给家里的庭院剪草坪，给别人送报纸，以换取些零花钱。一些家庭还要求孩子假期里在附近当勤杂工，或帮人剪草坪，或帮人扫落叶，或帮人铲积雪等。美国的父母们常说，只要有利于培养孩子谋生的能力，让他们吃些苦是值得的。

不过，赞成孩子打工也要从实际出发，中国毕竟不是美国，中国还没有让孩子打工的大环境，所以，父母在鼓励孩子打工的同时，应根据规定予以说明和引导。例如，可利用自己的空余时间和孩子一起打工。

一位家长是这样做的：我有一份不错的工作，我决定不再动我的工资，我陪着儿子利用周一到周五中午的时间和周六日的时间去打工，用打工收入支撑我们的生活，如果别人不介意他年龄太小，我也可以让他一个人去。或者去擦鞋店擦鞋，或者到饭店刷盘子，或者去洗车，或者帮着小摊小贩卖货。如果找不到打工的地方，我就带着他在业余时间干点零散活，在打工的过程中，他将被要求像成人一样劳动。

当然，孩子打工是一把双刃剑，孩子过早接触社会，在一定程度上也会受到社会不良风气的影响。所以，父母要时刻注意孩子的行为举止，当发现孩子受到不良风气影响后要及时地引导，帮助孩子远离不良环境。

告诉孩子，鸡蛋不能放在一个篮子里

对于任何人来说，钱是辛辛苦苦赚来的，拿出来投资怕打水漂，可在家里放着又不甘心。投资是有必要的，但要注意原则。不要把钱都放在一种投资上，而要掌握分散投资、分散风险的原则，尽量做到理财全面开花。

张先生 2000 年刚刚毕业，就应聘到北京一家报社做财经记者，月收入7000～8000 元。因为业务关系，他结识了一位房产公司售楼经理，两人一见如故成了好朋友。正是在这位经理的动员之下，张先生向家里借了 10 万元，在郊区买了一套 60 平方米的商品房。因为房子离单位太远，他自己没法住，便租给了一对刚结婚的朋友。

几年来，张先生的收入不断提高，同时租房也有一笔可观的收入，不但陆续还清了 10 万元的借款，自己还积攒了 6 万元的积蓄（全部为银行存款）。不久前，因为考虑自己的深造和提高生活质量等消费需求，加上租房的朋友去了美国，房子空了出来，所以他便把这套房子处理了，收入现金20 万元。这样，张先生的个人总积蓄为 26 万元。

张先生希望通过理财达到以下目标：

（1）准备参加某校 MBA 业余班，需要一次性支付学费 6 万元，这可以使自己的职业生涯更上一层楼，增强自己的职业场竞争力。

（2）由于采访、组稿等需要，他打算买辆汽车，高档车他觉得买不起，所以对于买什么车一直很犹豫。

（3）每年计划 3～4 次国内旅游，每次平均费用是 2500 元。

（4）现在他还住单身宿舍，环境较差，为了给自己学习和编稿提供一个更好的环境，而且正是谈恋爱的年龄，几年后就要结婚，他打算在附近居民区租一套 60～80 平方米、月租金在 3000 元左右的房子。

张先生是个聪明的年轻人，他给自己做出了这样的理财规划：

（1）MBA 的费用支出是必需的，这样的未雨绸缪对于他的职场生涯是有极大益处的。

（2）作为一名新闻从业人员，与社会的交往比较多，张先生买辆汽车会更加有助于业务工作。张先生考虑了自己的经济能力后，决定买辆 10 万元左右的车。

（3）张先生考虑到自己从事媒体工作压力较大，出去开阔视野、放松心情是非常重要的，所以每年支出 1 万元用于旅游。

（4）为了控制自己的收入，防止被称为"月光族"，张先生决定把房租控制在 1500 元左右。

（5）个人积蓄中剩余的 10 万元，用于投资。4 万元购买各种开放式基金，4 万元购买国债，1 万元购买保险，1 万元进行银行储蓄。

应当说，张先生是一个非常聪明的投资者，他懂得抓住投资机遇去赚钱。尤其是张先生在投资时也充分考虑了避险问题。

投资时不要把"宝"全押在一种项目上。现在社会上投资渠道比较多：参加储蓄安全可靠，但收益比较低；参加炒股收益大，但风险高；收藏是目前投资的热门，但要求投资者有较高的专业知识，否则容易上当受骗。所以，投资者最好像张先生一样进行分散投资。这样，虽然由于投资分散，收益会少一点，但反过来说，风险也会小得多。

很多专家都说"不要把所有的鸡蛋放在一个蓝子里"，这是有道理的。意思是说把鸡蛋放在同一个篮子里，风险很大，万一这个篮子砸了，全部的鸡蛋也就都砸了。为了减少这种全盘皆输的局面，最好将鸡蛋分开放在不同的篮子里，即使一个篮子里的鸡蛋砸了，还有其他篮子。

专注一项投资，收益率可能会比较高，但风险也相应被集中了。分开放，就算其中某个投资失败了，说不定另一个投资却有收获。

其实，人们通常说的分散风险并不意味着风险就不存在。风险依然存在，只是一方之所失与一方之所得相互弥补，使理财的实际结果与预期结果趋于一致，资金整体的不确定性程度减弱，从而资金整体风险减少，仅此而已。

尽管"东边不亮，西边亮"，"西边不亮，东边亮"，但不可否认的事实是，"东边"或"西边"都会有"不亮"的时候，甚至有可能出现"东边"和"西边"同时都"不亮"的情景。这样，多元化投资组合的选择就显得至关重要。也就是说，并不是什么篮子里都可以放鸡蛋，应该慎重考虑"把鸡蛋放在哪一个篮子里"。

总之，实际上每个篮子都存在固有风险。既不能把鸡蛋放在同一个篮子里，也绝非放鸡蛋的篮子越多越好，更不能只要一看到篮子就放鸡蛋。

作为父母，我们要告诉孩子，投资遵循鸡蛋不要放在一个篮子里，就是要降低投资风险。孩子自己投资，我们还是建议用这种方式。

让孩子尝试安全投资

生活中人们都有这样的感觉：钱再多也不够花。为什么？因为"坐吃"必然带来"山空"。俗话说得好，"有钱不置半年闲"，"家有资财万贯，不如经商买卖"，"死水就怕勺来舀"。试想，一个雪球，放在雪地上不动，只能是越来越小；相反，如果把雪球滚起来，就会越滚越大。

有一个叫普利策的犹太人，17 岁时来到美国谋生。起初他身无分文，在圣路易斯的一家报社，仅以半薪试用一份记者工作。普利策为了实现自己的目标，忍受老板的剥削，全身心地投入到工作中。他认真学习和了解报馆各个环节的工作，勤于采访和写作。他写的文章以及报道的内容生动、真实，吸引了广大读者，也为报社创造了巨大利润。老板很满意地聘用他为正式工，很快还提升他为编辑。

通过几年的时间，普利策对报馆的运营情况已经了如指掌，于是他用自己仅有的一点积蓄买下了一家濒临倒闭的报馆，开始创办自己的第一份报纸——《圣路易斯邮报快讯报》。但有一段时间，资金严重不足，普利策分析当时美国的经济发展，把自己的报纸办成以经济信息为主的报纸，加强广告部分，把焦点放在广告上，利用客户预交的广告费使自己有资金正常出版发行报纸。就这样，他很快渡过了难关。报纸发行量越多，广告也越多，资金也就越多，他的资金进入了良性循环。没过几年，他成为了美国报业的巨头。

普利策最初身无分文，仅靠打工挣的半薪，节衣缩食积蓄的有限的钱，

一刻不闲置地转动起来，让钱不断增值，发挥更大作用。这是一个做无本生意而成功的典型，这也正是"有钱不置半年闲"，"让钱'转'，就有钱赚"的体现，是成功经商的诀窍。

一位富翁曾经说过这样一段耐人寻味的话："即使一个人手中有一定数额的资金，但他思想上却不愿意把钱用来赚钱，不愿意把钱运转利用，那么对于他未来的事业来说，就像人体有了充分的血液，但心脏已经坏死，不再促进血液循环一样，他的事业也会静止不动而死亡。"

从这段话中我们可以得到这样的信息：要想捕捉金钱，收获财富，使"钱"生"钱"，就要学会让"死钱"变成"活钱"，让它不停地滚动起来，在流通中为你增值增利。

不要错误地认为投资只是成年人的事，就像少儿不宜的电影。相反，它更适合儿童。13岁以下的儿童在家长的引导下都可以理解市场的运作，并成为成功的投资者。

妮可只有9岁，上小学四年级，她已经从500元的定期存单上挣了11元。等存单到期后，就把钱投资购买股票——专门买那些即将分割的股票，这样她就能得到更多的股票了。"妮可正在走向成功的路上，我真希望自己能像她那样。"她的母亲瑞塔说。

还有很多富豪家长鼓励孩子投资。

柏特里克·朗的大儿子瑞安要求在他12岁生日得到一台割草机作为生日礼物，妈妈明智地给他买了一台。到那年夏末，他已靠替人割草赚了400美元。帕特里克·朗建议儿子用这些钱做点投资，于是他决定购买耐克公司的股票，并因此对股市产生了兴趣，开始阅读报纸的财经版内容。很幸运，购买耐克股票的时机把握得不错，赚了些钱。当瑞安9岁的弟弟看见哥哥在10天内赚了80美元后，也做起了股票买卖。现在，他俩的投资都已升值到1800美元。

住在纽约的劳拉·舒尔茨说，我13岁的儿子最喜欢的餐厅是麦当劳，他对它忠心耿耿。他7岁那年，我开始送他第一股麦当劳股票，以后逐年增加。现在他的资本已经在这家公司里占了相当比例的份额。每次麦当劳

公司的年报寄至时，他都会仔细阅读；每次去麦当劳用餐他都要认真考查。这些股票不像过完节就扔的玩具，从中得到的经验将伴随他一生。

圣路易斯州的唐恩·里士满的经验则是：我为我的 11 个儿女们每人设立了一个共同基金，他们每赚 1 美元，我就在基金里投入 50 美分。他们给人看小孩子、整理草坪，还干一些别的零工。年纪大些的孩子现在基金金额已翻了 3 番，其中 6 个孩子已将自己的一部分基金用于支付大学学费。

从这些成功的经验中，我们可以发现，投资并不只是大人的事情。我们要让孩子学学安全投资，让他们了解只有让钱流动起来才能创造出新的财富。

可是，关于孩子投资情况的实际调研报告显示，98％的受访者认为培养孩子的"财商"非常重要，但 40％的受访者对孩子的理财习惯培养还仅限于将压岁钱存入银行，仅 9.3％的受访者让孩子独立运用一笔钱进行投资，"财商"教育远未普及。面对日益高涨的教育费用，还有 51.8％的家长尚未实施子女教育金准备计划。面对这样的情况，父母还需要更新观念，让孩子参与到投资的大潮中去，培养孩子的理财能力。

告诉孩子，合作是致富的重要方式

一个人开车迷了路，他边开车边查看地图，结果车陷在乡间小路边的壕沟里。他虽然没有受伤，但车却深深地陷在淤泥里了。看到不远处有一个小农舍，这个人便去求援。

走进农舍小院，他发现根本没有汽车或其他现代化机械。马圈里唯一的牲口是头衰老的骡子。开车人本来以为农舍的主人会说这骡子太瘦弱不能帮忙。可农夫爽快地指着那头老骡子说："没问题，马克可以把你的车拉出来！"

开车人看了看憔悴的骡子，担心地问："你确定它能行？这附近可有其他农场？"

"住在这附近的只有我一个人。别担心，老马克能胜任。"农夫自信地说。

农夫把绳子一端固定在汽车上，另一端固定在骡子身上。一边在空中把鞭子抽得"啪啪"响，一边大声吆喝："拉啊，乌克！拉啊，卡卡！拉啊，迪斯！拉啊，马克！"

没多一会儿，小轿车就被老马克毫不费力地拉了出来。

开车人又惊又喜。再三谢过农夫后，他忍不住问："你赶马克的时候，为什么要装做还赶着其他骡子的样子？你喊马克之前，为什么还喊了那么多别的名字呢？"

农夫拍了拍老骡子，笑着说："我喊的都是我原来那些骡子的名字，它

们以前都和老马克一起拉过车。老马克是头瞎骡子，只要它以为自己在队伍之中，有朋友帮忙，干活就特别有劲，连年轻力壮的骡子都比不过它。"

老马克还能拉动小汽车，关键是它认为自己在和别人合作，有一个团队在支撑着它。看来一个人生活在团队里，和别人合作，会得到用不尽的力量，这就是团队的力量。

还有这样一个故事：从前，有两个饥饿的人得到了一位长者的恩赐，一根鱼竿和一篓鲜活硕大的鱼。其中，一个人要了一篓鱼，另一个人要了一根鱼竿，于是他们分道扬镳了。得到鱼的人原地就用干柴搭起篝火煮起了鱼，他狼吞虎咽，还没有品出鲜鱼的肉香，转瞬间，连鱼带汤就被他吃了个精光。不久，他便饿死在空空的鱼篓旁。

另一个人则提着鱼竿继续忍饥挨饿，一步步艰难地向海边走去，可当他已经看到不远处那片蔚蓝色的海洋时，他浑身的最后一点力气也使完了，他也只能眼巴巴地带着无尽的遗憾撒手人间。

又有两个饥饿的人，他们同样得到了长者恩赐的一根鱼竿和一篓鱼。只是他们并没有各奔东西，而是商定共同去找寻大海，他俩每次只煮一条鱼。他们经过遥远的跋涉，来到了海边，从此，两人开始了捕鱼为生的日子。几年后，他们盖起了房子，有了各自的家庭、子女，有了自己建造的渔船，过上了幸福安康的生活。

两个懂得合作的人拥有了属于自己的财富，过着幸福殷实的生活。而不懂得合作的人只能等待饿死的命运。

一个人只顾眼前的利益，得到的终将是短暂的欢愉；一个人目标高远，但也要面对现实的生活。只有把理想和现实有机结合起来，才有可能成为一个成功之人。有时候，一个简单的道理，却足以给人意味深长的生命启示。

任何事情都是这样，连财富也不例外。只有懂得合作，发挥团队的力量才能创造出更多的财富。

童话故事想要传达的讯息，总是直白而简单的，常常让已经成年的我们不由自主从心底发出一丝也许谁也不愿承认的哂笑："如此浅显的道理。"

而当我们反思的时候，我们才想起，有时候太想得到，反而忘记了我们从最初的小小故事中明白的那个简单的道理：合作！

美国有一个农场主，由于掌握了科学的栽培方法和技术，他的庄稼长得总是比别人好，自然他的种植效益也就比邻居的高。而且，这位农场主还有培育和改良品种的技术绝活，在每年当地农业协会评比中，他总能拿到第一名。可是令人不解的是：每次评出最佳品种之后，他又总是把最好的品种拿出来送给邻近农场的农场主们。

"别人申请专利保护还担心自己的成果被人仿冒，你这么做难道不担心别人超过你吗？难道你在做专门利人的善事吗？"当记者带着疑问采访他的时候，他笑着说："我这样做并不是毫不利己、专门利人，这其实对我自己也有很大的好处。因为我农场里的种子无论有多优良，但如果附近农场充满劣质的品种，它们的花粉难免会随风飘落到我的农田里，而我的作物受精后质量就会下降。我把我最好的品种给他们种，我的庄稼的品质才能得到保证。另外，别人有了跟我一样好的种子，就会不断地激励我再去努力革新和改良，这就给了我持续进步的压力和动力，让我始终保持领先的地位。"

懂得与人为善、与己为善的人，把生活看做一个合作的舞台，而不是角斗场。一般人遇事多用二分法：非强即弱，非胜即败。其实，世界给了每个人足够的立足空间，他人之得并非自己之失。因此，"双赢思维"成为人们运用于人际交往的原则。

作为父母，我们要告诉孩子，合作是致富的重要方式。但是，合作需要与人有效地沟通。不善于沟通将失去许多机会，同时也将导致自己无法与别人的合作。所以，我们要让孩子要懂得做事情要多和人沟通和交流。

让孩子知道，金钱要靠劳动获得

玛蒂雅国王有个漂亮女儿，美如天仙。但是，她娇生惯养，养成了坏习惯，好吃懒做。生来就没干过活，什么活也不会干，整天坐在镜子前面，照个没完。长到结婚芳龄时，她父亲向全国宣布要给自己女儿择婿招驸马。然而，谁要想娶她，必须在 3 年内教她学会各种手艺。皇榜张贴后多过了很久，没有一个人敢来向国王的女儿求婚。于是，国王派出自己的使者到世界各国，为公主招婿。使者们分头各处奔走。一个使者走着走着，一天走到田地里，看到一个小伙子在赶牛耕地。看他很会干活，便对他宣布说，他必须去见国王。这个小伙子吓得魂不附体，然而国王的命令，谁敢违抗，只好跟着走。到了国王面前，国王对他讲了事情的原委和求婚条件。他答应国王在 3 年内教会公主干活。小伙子在皇宫里度过了一周快乐的时光。一周后，小伙子带上国王的女儿回自己的家。国王送他们很远很远。分别时，国王对他说："3 年时间，要说长，也不长，事在人为，祝你成功。"

小伙子到家时，母亲迎出门外，看到美丽的姑娘，惊叹不已。

第二天，小伙子拿上木犁，拉上牛，到田地里干活。到晚上，太阳落山，小伙子从田里回来，母亲端上饭菜，开始吃晚饭，儿子对母亲说："妈妈，今天谁干活了？"

"我和你。"母亲如实回答说。

"噢，谁干活，谁应该吃饭。"小伙子断然地说。

国王的女儿一听，打心眼里不高兴，气不打一处来，赌气回房睡觉去

了。第二天晚上，像头一天晚上一样。到了第三天，姑娘受不住了，对婆婆说："妈妈，让我干点什么吧，我也不想白白地坐着。"

婆婆让她劈木柴。

晚上，儿子坐下来吃饭时，又问母亲："妈妈，今天谁干活了？"

"我们三个人，我和你，还有国王的女儿。"她说。

小伙子说："噢，谁干活，谁就应该吃饭。"

于是，他们都坐下来，三人一起共用晚餐。

就这样，国王的女儿一点一点地学会了干每件活计。3年后，她的父亲千里迢迢来女儿这里做客。看到女儿与婆婆并肩干活，国王非常高兴，对女儿说："瞧，莫非你也知道干活了？"

"我现在懂得了，"她说，"因为我们是这样做的，'谁不干活，谁不得食'。但是，你知道，父亲，如果你想吃饭，那就劈点木柴。"

国王的心愿实现了，喜得心花怒放，送给了女儿和女婿很多礼物。不久，国王带上女儿女婿回皇宫去了。

在美丽的童话世界里，我们体会到了不劳动不得食的道理。同样的道理，金钱也是一样，不劳动就不会得到金钱。

钱，就是货币，是人类社会发展到一定程度的后期产物，不是与生俱来的。这是钱与劳动的本质区别。劳动不但是与生俱来的，并且贯穿人类发展始终，形同人的心脏。劳动消失，人类社会财富发展就会戛然而止，人类随同灭亡。就算物质积累高度发达的共产主义社会，按需分配还是立足于人们自觉地参与劳动，创造价值。失去劳动，坐吃山空，也就像心脏猝死，转入休克状态，死亡是瞬间的事情。

还有这样一则寓言故事：在森林的深处，有一个庞大的王国，叫多百国，那里生活着许许多多的动物，他们各有各的信仰，但是在这里我只说蚂蚱和蚂蚁的信仰。

蚱蜢是崇拜金钱的，他不停地工作，日夜不分，只为可以多得到一些金子，来让他的金库填满。可是他挣的金钱并不多，于是他开始使用一些不正当的手段来收获金子，可是贪婪的心一旦被撑开，对金钱的欲望也就

越不容易被填满。开始他还为自己的投机取巧、不劳而获的行为感到些许不安，常常对自己说，这是最后一次，然后就洗手不干。可是哪有那么容易做到呢？是的，从他得到金钱的第一刻起，便沾染了恶习，不在高级酒店吃饭，他咽不下，不在高级旅店住宿，他睡不着。就这样，他完全被金钱束缚住了，就连刚开始的那点自责也被吞食了，最终他死在了金钱的脚下，面带悔恨和自责的泪水。

是的，当心被金钱控制时，人生必定会失败。

蚂蚁崇拜的是劳动，他不为金钱而劳动，而是为自己。他很快乐，尽管他很穷，但他一直认为他是富有的，快乐是他全部的财产。他工作时常常会达到忘我的境界，面带微笑，尽管他得到的报酬并不多，尽管他的工作是最卑微、最底层的，却依然尽职尽责。领导夸奖他，家人鼓励他，他每天乐乐呵呵的，被评为多百国里最快乐的成员。也许你会认为，这，不算什么，谁都可以。但是你真的可以像蚂蚁这般享受吗？蚂蚁老了，他坐在藤椅上，看着他的后辈继续劳动，然后带着微笑死去。

作为父母，我们要教导孩子跟蚂蚁学，以劳动为本。只有自己通过劳动挣得的金钱才是让人舒心的。

孩子要想在社会上生存，没钱不行。而钱不会从天上掉下来，要靠自己的劳动挣来。人活着，首先要解决的问题就是生存问题，只有生存问题解决了，才能谈及其他。

有的孩子靠吃父母的老本生存，其不知"坐吃山空"，总有一天将老本吃完了呢？有的孩子为钱误入歧途，去偷、去抢、去杀人。要想生存，就要老老实实做事，本本分分做人，否则，就会有数不尽的生存危机等着孩子，让孩子狼狈不堪。

一句话，我们要让孩子知道，要想生存，没钱不行，而钱，是靠劳动挣来的。